수학의 재미에 **빠**진 아이들이
맨 처음 선택한 기초 교재

수빠맨

1 숫자 영웅들의 수학 모험

수·도형 기초

글 마티아 크리벨리니 · 그림 아그네세 바루치

다산
어린이

놀면서 즐겁게 배우는 수학?
할 수 있습니다. 반드시 해야 합니다!

아이들이 수학을 꾸준히 공부하려면, 어릴 때부터 즐겁게, 그리고 쉽게 배워야 합니다. 즐거움은 학습의 강력한 동기가 되며, 높은 성취감을 심어 주기 때문입니다. 하지만 막상 수학을 어떻게 재미있게 가르쳐야 할지 엄두가 나지 않지요. 그런 고민이 있는 부모님들을 위해, 즐겁게 수학을 배울 수 있는, 미치도록 재미있는 수학 교재 〈수빠맨〉을 준비했습니다.

수학에 빠진 전 세계 아이들이 맨 처음 선택한 기초 교재, 〈수빠맨〉은 재미있고 흥미진진한 이야기를 초등 수학의 네 가지 학습 영역으로 구성하여, 다채로운 수학 문제 풀이 활동을 할 수 있도록 했습니다. 여러 가지 수학 놀이 활동을 하는 동안, 초등 수학 전 과정에 걸쳐 핵심 개념을 습득할 수 있습니다.

이 책은 단원마다 짧은 이야기에서부터 시작합니다. 기발하면서도 재미난 상상이 가득한 이야기를 읽고 이야기와 긴밀하게 이어져 있는 수학 문제를 풀어 나가면서 수학 독해력을 기르는 훈련을 하게 되지요. 더 나아가 생활과 수학이 밀접하게 연관되어 있다는 것을 체득하며 수학에 대한 호기심과 흥미가 자연스럽게 생길 것입니다.

〈수빠맨〉은 수학 개념을 무작정 외우는 대신, 아이들 스스로 수학 개념을 익힐 수 있도록 설계했습니다. 책에 있는 여러 수학 활동들을 아이들 '스스로' 할 수 있도록 도와주세요. 스스로 문제를 해결해 가면서 수학에 대한 자신감을 기를 수 있을 테니까요.

•기다려 주세요!

아이가 문제를 풀 때까지 시간이 오래 걸릴 수 있습니다. 또 책을 다 풀지 않고 중간에 덮어 버리거나, 어떤 문제는 건너뛸 수도 있습니다. 그것만으로 수학을 포기했다고 단정하지 마세요. 그저 아이를 믿고 기다려 주세요.

•답을 알려 주는 대신, 질문을 하세요!

아이들이 어떻게 풀어야 하는지, 답이 무엇인지 모르겠다고 했을 때 바로 답을 알려 주지 마세요. 대신 질문을 통해 아이들을 정답으로 유도해 주세요. 문제를 다시 잘 읽어 보도록 독려하거나, 막힌 부분이 무엇인지 물어보고 아이 스스로 답을 찾아 나갈 수 있도록 도와주세요.

•수학 문제 해결의 첫 단계는 이해라는 점을 잊지 마세요!

수학 공부를 막 접하는 초등 저학년일수록 문제만 읽고 무턱대고 계산하거나 문제 푸는 공식만 외지 않도록 주의해야 합니다. 대신 한 문제를 풀더라도 아이가 문제를 제대로 이해할 수 있도록 시간을 충분히 주세요. 또한 아이들이 수학 문제의 답을 잘 맞히는 것보다, 문제를 어떻게 풀었는지 설명하는 깃을 습관화할 수 있게 도와주세요. 어떤 풀이 과정을 거쳐 답을 구했는지 아는 것이 가장 중요합니다.

•생활에서 수학을 찾아보세요!

아이들이 생활 속에서 수를 발견하도록 도와주세요. 여러 활동을 하는 동안 수학이 언제, 어떻게 쓰이는지 물어보고 이야기해 주세요. 이 책을 읽고 난 뒤에는 생활에서 수학이 어떻게 적용되고 실현되는지 아이와 함께 찾아보세요.

초등학생을 위한 최고의 수학 학습서 <수빠맨>

우리가 늘 해 온, 익숙한 수학 공부는 어떤 형태일까요? 여러 가지 수학적 개념과 공식을 외우고 이해하는 것, 그리고 그 이해를 바탕으로 이런저런 문제를 푸는 것을 떠올릴 수 있습니다. 하지만 초등학생에게 그와 같은 학습 방법을 그대로 적용하는 게 반드시 옳지는 않습니다. 그러한 정통의 수학 학습법은 조금 나중에 한다고 하더라도 늦지 않습니다. 수학을 이제 막 시작하는 초등학생은 수학과 친숙해지는 방식으로 공부하는 것이 훨씬 더 중요합니다.

시중에는 연산 훈련을 하는 교재나 부모님과 아이가 함께 공부할 수 있는 수학 교재가 많이 있습니다. 처음 출판사에서 초등학생을 대상으로 수학책을 펴낸다고 들었을 때 기존에 있는 다른 책들과 무엇이 다를까 궁금했습니다. 그리고 이 책을 살펴보고 나니 확신할 수 있었습니다. <수빠맨>은 아주 특별한 책이라는 것을 말입니다. 이 책은 조금만 살펴보아도 어떻게 전 세계 어린이들의 마음을 사로잡았는지 알 수 있습니다. 아이들의 시선을 끄는 캐릭터와 함께 다양한 환경에서 일어나는 재미있는 이야기들로 가득 차 있는 책이거든요.

<수빠맨>은 평범하고 시시한 수학 학습서가 아닙니다. 등장하는 캐릭터와 이들이 끌어가는 이야기가 재미있기도 하지만 무엇보다도 수학적인 내용이 알찹니다. 수와 연산, 도형과 측정, 규칙과 추론 등 초등학교 수학 교육 과정에 등장하는 필수적인 내용이 충실하게 담겨 있습니다. 아이들은 이 책을 펼쳐 여러 가지 수학 활동을 하는 동안 자연스러운 사고 흐름에 따라 마치 게임을 하듯 공부할 수 있습니다. 높은 수준의 집중력을 발휘하지 않더라도 퀴즈를 풀고, 도형과 전개도를 오리고, 스티커를 붙이면서 수학적 개념을 이해하고 문제를 해결할 수 있도록 구성되어 있습니다.

　이 책은 단원마다 짧은 이야기에서부터 시작합니다. 기발하면서도 재미난 상상이 가득한 이야기를 읽고 이야기와 긴밀하게 이어진 수학 문제를 풀어 나가면서 수학 독해력을 기르는 훈련을 할 수 있습니다. 여러 가지 이야기들을 통해 수학이 생활과 밀접하게 연관되어 있다는 것을 체득하며 수학에 호기심과 흥미가 자연스럽게 생길 수 있도록 돕습니다.

　초등학교 때에는 수학을 꼭 남들보다 더 잘할 필요는 없습니다. 수학과 친해지고 수학에 대한 자신감을 가지는 것이 수학 문제를 잘 푸는 것보다 더 중요합니다. 학습 진도를 정규 과정보다 많이 앞서 나가지 않아도 됩니다. 호기심과 집중력을 가지고 공부하기만 하면 수학은 아주 재미있는 공부라는 것, 열심히 하면 나도 수학을 잘할 수 있다는 것을 느끼게 해 주면 됩니다. 수학에 흥미와 자신감이 있으면 때때로 너무 어려운 문제가 나오더라도 쉽게 포기하지 않고 문제를 스스로 해결하기 위해 부딪히고 애쓸 힘이 생깁니다.

　그런 의미에서 〈수빠맨〉은 초등학생들을 위한 최고의 수학 학습서 중 하나라고 확신합니다. 아이 스스로, 또는 부모와 함께 〈수빠맨〉으로 재미있게 수학 공부를 하다 보면 저절로 수학과 친해질 것입니다.

송용진
(수학자, 인하대학교 명예 교수)

한국을 대표하는 위상수학자입니다. 서울대학교 수학과를 졸업하고 미국 오하이오주립대에서 박사학위를 받았습니다. 오랫동안 영재교육과 수학올림피아드에 대한 일을 해 왔으며 지금은 국제수학올림피아드 선출직 위원(IMO BOARD MEMBER)으로 활동하고 있습니다. 쓴 책으로 《수학은 우주로 흐른다》, 《영재의 법칙》, 《수학사가 들려주는 진짜 논리 이야기》 등이 있습니다.

수 · 도형 기초

수는 물체의 양을 나타내는 말이에요.

그리고 '숫자'는 수를 나타내는 기호랍니다.

9까지의 수 개념을 놀이로 이해하고

숫자를 읽고 쓰는 법을 익혀요.

'도형'은 점과 선, 면, 입체로 이루어진 것을 말해요.

여러 가지 도형을 알아보고

이름을 붙여 볼 뿐 아니라,

직접 만들어 봐요.

수학 나라로의 탐험

지금 여러분은 엄청난 모험을 앞에 두고 있어요.

꼬마 영웅들과 함께, 수학 나라로 가서 수학 영웅이 되는 모험을 떠나려고 해요.

수학 나라는 우리가 사는 세상과 비슷하지만, 특별한 수학 능력을 가진 영웅들이 살고 있어요.

수학 영웅들이 가진 능력이 궁금하다고요? 그렇다면 집중하세요!

지금부터 특별히 수학 능력을 배울 방법을 알려 드릴게요.

이 책을 읽고 난 뒤에는, 여러분 모두 수학 나라의 영웅이 될 수 있을 거예요.

방법은 아주 간단해요! 이 책에 나와 있는 문제들을 스스로 풀어 보면 된답니다.

혼자서는 힘들다고요? 걱정하지 마세요. 여기 여러분을 도와줄 꼬마 영웅들이 도착했으니까요. 이 꼬마 영웅들과 함께 신비한 수학 능력을 배워 보세요.

스티커는 본문 뒤에 있어요.

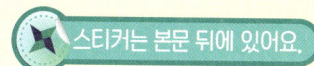

잠깐! 영웅이 되려고 가는 건데 그냥 갈 수는 없죠.
모험을 떠나기 전에 여러분도 준비해야 해요.
꼬마 영웅들처럼 영웅 수트를 입어 볼까요? 책 뒤의 스티커로 여러분의 수트를 꾸미고
멋진 이름도 지어 주세요.

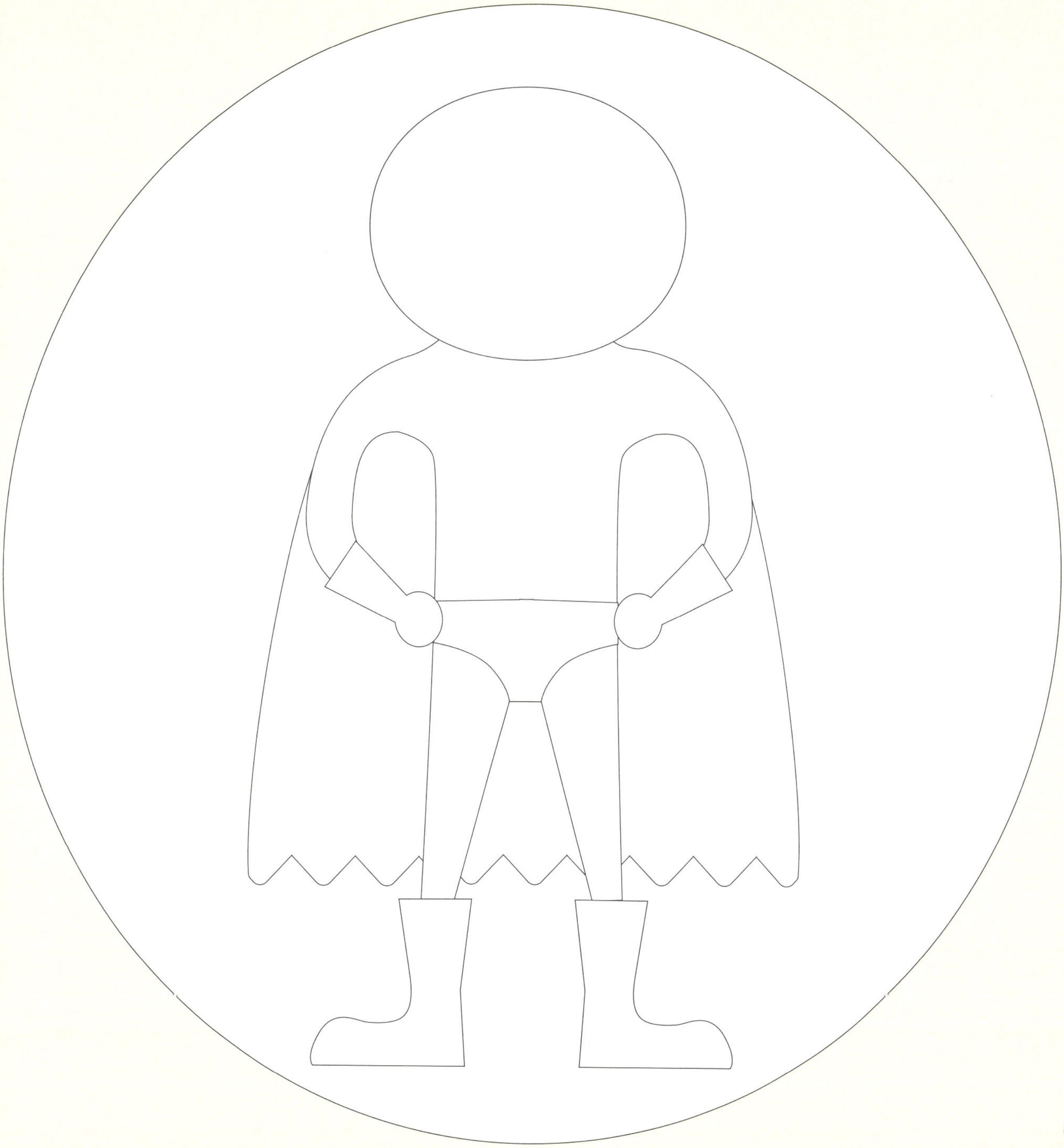

더 많은 것, 더 적은 것

"안녕? 나는 원더 피그야. 나는 어떤 물건이든 한눈에 셀 수 있는 숫자 광선을 가지고 있지. 내 능력을 배우고 싶다면 아래 문제를 풀어 봐!"

두 그림 중 물건의 개수가 더 많은 쪽은 어디일까요?

3초 안에 빠르게 비교해 보세요.

물건의 개수가 많은 쪽에는 파란색, 적은 쪽에는 빨간색을 칠하세요.

액자 테두리에 칠해 봐!

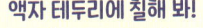

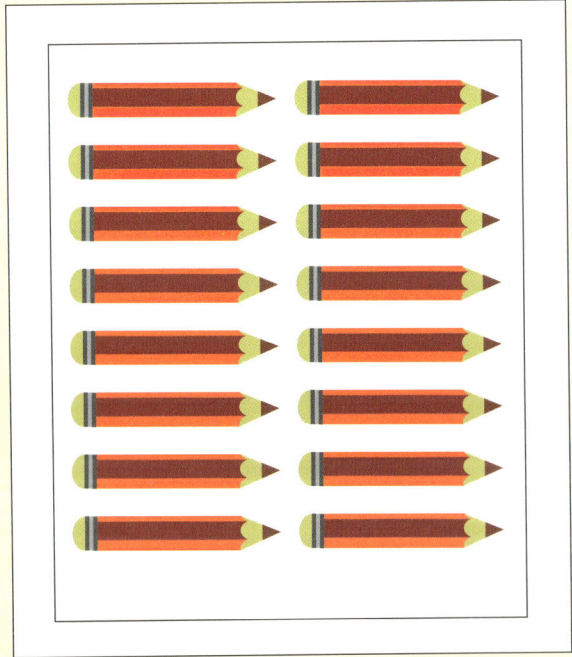

0부터 9까지의 수

"안녕? 나는 캡틴 야옹이야. 원더 피그의 숫자 광선을 얻었다고?
대단한걸! 그렇다면 숫자 쓰는 것쯤이야 간단하겠네!
나를 따라서 숫자를 써 봐. 먼저 간다!"
앗! 캡틴 야옹이 먼저 가 버렸네요. 얼른 따라가야 캡틴 야옹의 능력을 배울
수 있겠어요. 캡틴 야옹이 그려 둔 점선을 따라 숫자를 써 보고, 읽어 보세요.

영

아무것도 **없다**는 뜻이에요.

일, 하나

아이스크림이 **한 개** 있어요.

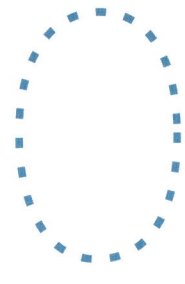

이, 둘

안경알은 **두 개**예요.

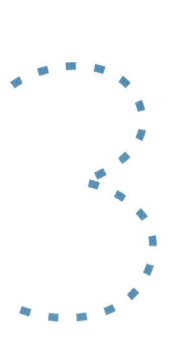

삼, 셋

신호등 불빛은 빨강, 노랑, 초록
세 개예요.

사, 넷

캡틴 야옹은 고양이라서 다리가 **네 개**입니다.

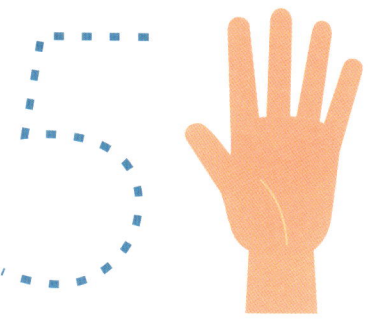

오, 다섯

한 손에 손가락은 **다섯 개**입니다.

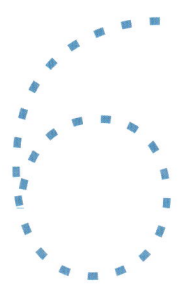 

육, 여섯

꿀벌의 다리는 **여섯 개**입니다.

칠, 일곱

무지개의 색은 **일곱 가지**예요.

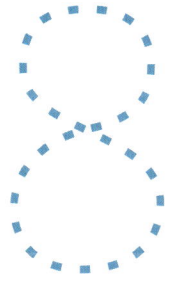 

팔, 여덟

거미의 다리는 **여덟 개**예요.

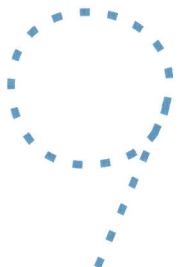

구, 아홉

이 빙고판은 **아홉 칸**입니다.

휴! 드디어 캡틴 야옹을 따라잡을 수 있겠네요.
빙고판이 쓸모 있을 것 같으니, 이걸 들고 가는 게 좋겠어요.

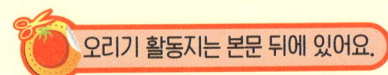 오리기 활동지는 본문 뒤에 있어요.

캡틴 야옹을 이겨라! 빙고 게임

"역시, 듣던 대로 실력이 훌륭한걸! 그렇다면 바로 대결을 신청한다!
빙고 게임에서 나를 이기면, 나와 같이 모험을 떠날 수 있다냥"
빙고 게임에서 꼭 이겨서 캡틴 야옹의 코를 납작하게 해 주자고요!
책 뒤에서 O, X가 그려진 카드를 오려서 준비해 주세요.
캡틴 야옹이 되어 줄 사람을 찾고, 다음 규칙대로 게임을 하면 돼요.

> **규칙** 가위바위보를 해서 O, X 카드 중 하고 싶은 카드와 순서를 정하고,
> 빙고판에 번갈아 가며 자신의 카드를 놓으면 돼요. 가로, 세로, 대각선에
> 상관없이 자신의 카드 세 개를 한 줄에 놓는 사람이 이기는 게임이에요.

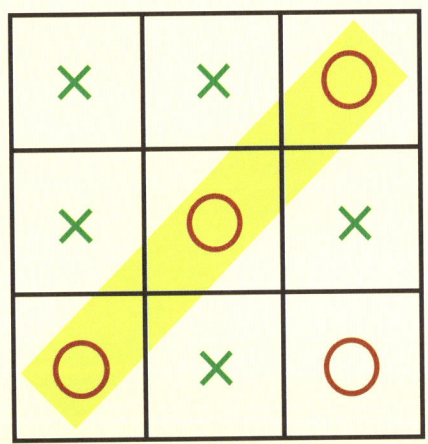

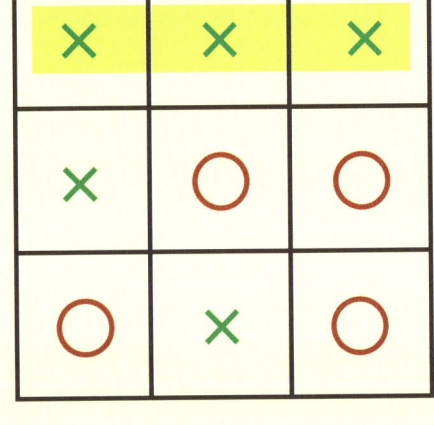

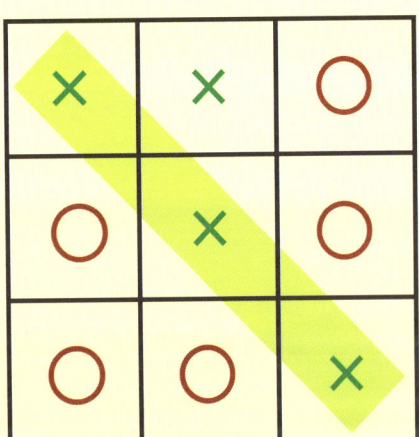

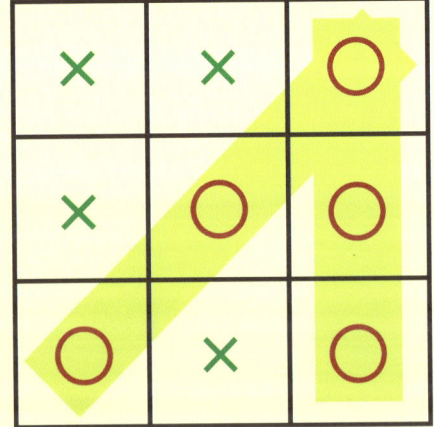

나 캡틴 야옹의 카드를 잘 막는 게 중요해.
내 카드 두 개가 잇따라 있다면, 어디에 네 카드를 놓아야 하겠어?
하나, 둘, 셋! 시작이다~~옹.

게임이 재밌었나요?
먼저 시작하는 순서를 바꿔 가면서 게임을 진행해 보세요.
세 판 중에 두 판을 먼저 이기는 사람이 이기는 거예요!

수 세기

"나를 이기다니… 제법이잖아? 그럼, 이제 이 캡틴 야옹과 함께
모험할 자격이 있어. 내 다음 임무야! 같이 잘해 보자냥!"
캡틴 야옹은 벌써 임무를 시작했네요! 캡틴 야옹처럼 그림의 수를
세어 숫자 스티커를 붙여 주세요.

1

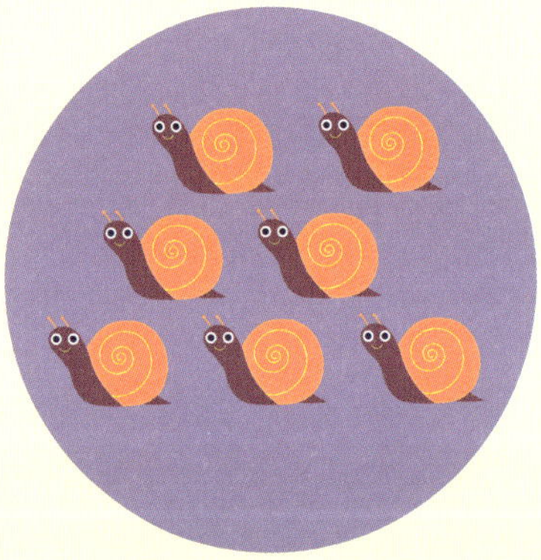

16

바로 앞의 수, 바로 뒤의 수

수는 1, 2, 3, 4, 5, 6, 7, 8, 9의 순서예요.
절대로 이 순서가 바뀌지 않아요! 하나씩 커지는 순서대로 세는 규칙이 있거든요.
그래서 4는 5 바로 앞에 오고, 6은 5 바로 뒤에 와요.
지금부터 1부터 9까지 수 중에 빈칸에 들어갈 알맞은 수를 찾아봐요.
원더 피그가 한 것처럼 정답 스티커를 붙여 주세요.

 1 2 3 4 5 6 7 8 9

2 바로 앞의 수를 찾아보세요.

5 바로 앞의 수는 무엇인가요?

18

4 바로 앞의 수는 무엇인가요?

4 바로 뒤의 수는 무엇인가요?

8 바로 뒤의 수는 무엇인가요?

2 바로 뒤의 수는 무엇인가요?

사라진 숫자 찾기

숫자가 사라졌어요!
숫자가 사라지면서 원더 피그의 숫자 광선까지 망가져 버렸어요.
원더 피그의 새로운 무기를 찾으려면 빈칸에 숫자를 넣어서 암호를 풀어야 합니다.
수는 1부터 순서대로 나열되어 있다는 사실을 떠올리며 빈칸을 채워 보세요.

1 2 ☐ 4 5 6 ☐ 8 9

1 2 3 4 ☐ 6 7 8 ☐

☐ 2 3 4 5 6 7 ☐ 9

1 ☐ 3 4 5 ☐ 7 8 9

휴, 네 덕분에 비밀 암호를 알 수 있었어!
아래 숫자들을 순서대로 이으면 새로운 무기를 얻을 수 있대.

원더 피그의 새로운 무기를 만들어 볼까요? 1부터 9까지 순서대로 점을 이어 주세요.
무기 모양이 만들어지면, 예쁘게 칠해 보세요.

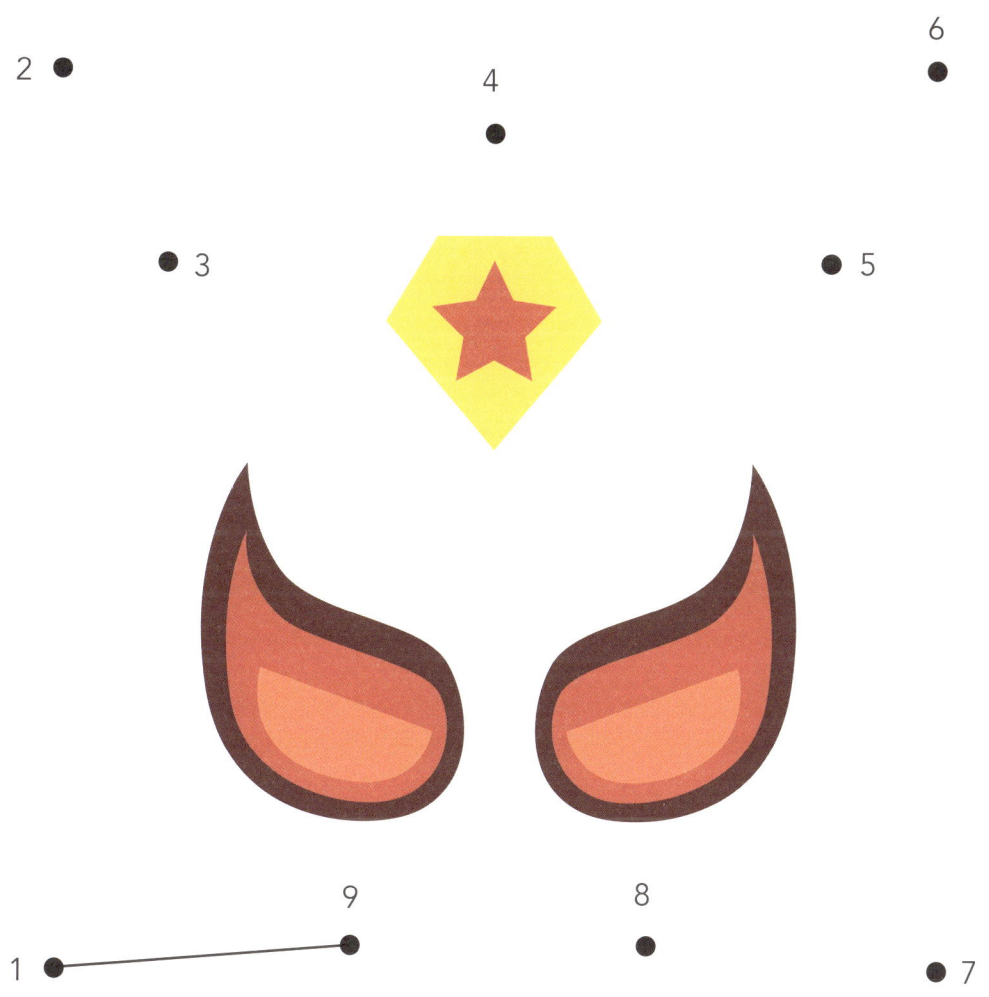

몇 칸을 뛰어야 할까?

잠깐! 누가 우리 쪽으로 빠르게 다가오고 있어요.
이 쿵쿵거리는 소리는… 슈퍼 깡총이었군요. 슈퍼 깡총이 숫자를 타고
우리에게 온 거였어요!
슈퍼 깡총과 함께 이동하려면 우리도 수를 뛰어 세는 능력을 배워야 해요.
슈퍼 깡총은 1부터 5까지 한 번에 뛸 수 있어요. 그럼 몇 칸을 한 번에 뛰는
걸까요? 맞아요. 바로 4칸을 한 번에 뛰는 거예요!
책 뒤에 있는 슈퍼 깡총 카드를 오려서 연습해 보세요.

앞으로 뛰기

1   2   3   4   5

(1) 4에서 7까지 가려면 몇 칸을 뛰어야 할까요?

_____칸

(2) 3에서 8까지는 몇 칸을 뛰어야 할까요?

_____칸

(3) 1에서 6까지는 몇 칸을 뛰어야 할까요?

_____칸

(4) 2에서 3까지는 몇 칸을 뛰어야 할까요?

_____칸

뒤로 뛰기

앞으로 가는 법은 충분히 연습했으니, 이젠 뒤로 가는 연습을 할 차례예요.

(5) 8에서 5까지 가려면 몇 칸을 뛰어야 할까요?

_____칸

(6) 9에서 3까지는 몇 칸을 뛰어야 할까요?

_____칸

몇 개일까요?

수학 나라의 시장에 도착했어요.
원더 피그가 수 세기 연습을 하려나 봐요.
우리도 원더 피그를 도와서 수를 세어 볼까요?

(1) 당근은 몇 개일까요? _____

(2) 사과는 몇 개일까요? _____

(3) 호박은 몇 개일까요? _____

(4) 오렌지는 몇 개일까요? _____

(5) 가지는 몇 개일까요? _____

난 여기 있는
채소의 수를
모두 세어 볼 테야.

당근

사과   오렌지

호박

가지

25

1 작은 수, 1 큰 수

"안녕, 난 닌자 악어야. 숫자 아이템들이 너무 많아서 뭘 입을지 모르겠는데,
뒤쪽의 스티커를 이용해서 같이 정리 좀 해 줄래?"
가운데 상자에 있는 아이템의 개수보다 하나 더 적은 수만큼은 왼쪽에,
하나 더 많은 수만큼은 오른쪽에 붙이세요.

1작은수
2

3

1큰수
4

1작은수
1

2

1큰수
3

1작은수
3

4

1큰수
5

1작은 수   수를 먼저 구해 봐.   1큰 수

5

1작은 수   6   1큰 수

1작은 수   8   1큰 수

누가 1등을 했을까?

꼬마 영웅들이 달리기 시합을 했어요. 누가 1등을 했을까요?
수 뛰기 능력을 갖춘 슈퍼 깡총이 첫째로 들어왔네요. 원더 피그는 둘째로, 닌자 악어가 셋째로,
캡틴 야옹은 넷째로 들어왔어요.
시상대에 도착한 순서에 맞게 숫자 스티커를 붙여 주세요.

첫째

둘째

셋째

넷째

1등은 **첫째**로 들어왔다고 하고, 2등은 **둘째**, 3등은 **셋째**, 4등은 **넷째**, 5등은 **다섯째**, 6등은 **여섯째**,
7등은 **일곱째**, 8등은 **여덟째**, 9등은 **아홉째**라고 말합니다.
이렇게 순서를 나타내는 말에는 '~째'가 붙어요.

폴짝폴짝 늪 건너기

경주가 끝나고 다음 미션을 하러 가는 길에 커다란 늪을 건너야 해요.
다음 정해진 순서대로 숫자돌에 화살표를 그려서 슈퍼 깡총이 뛰어야 할 길을 알려 주세요!

순서

- 첫째 돌을 먼저 디디세요.
- 셋째 돌로 뛰세요.
- 여섯째 돌로 뛰세요.
- 둘째 돌로 뛰세요.
- 넷째 돌로 뛰세요.
- 일곱째 돌로 뛰세요.
- 아홉째 돌까지 뛰면 끝!

여러 가지 선

닌자 악어는 도형으로 무기를 만드는 능력을 갖추고 있어요.
닌자 악어가 별로 표창을 만들었네요!
별표창이 각각 다른 선을 그리면서 날아가고 있어요!
정말 멋진 능력이네요. 어떤 선을 그릴 수 있는지 확인해 볼까요?

곧은 선

굽은 선

곧은 선이 여러 개
있어요.

곧은 선과
굽은 선이 있네요.

굽은 선이 서로 만나요.

여러 개의 곧은 선이
서로 만나요.

오리기 활동지는 본문 뒤에 있어요.

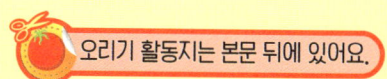

여러분도 닌자 악어의 별표창 던지기를 배워 볼까요?
책 뒤의 주사위 전개도를 오려서 주사위를 만들어 보세요.
주사위를 던져 나온 모양대로 별표창의 꼬리에 선을 그려 보세요.

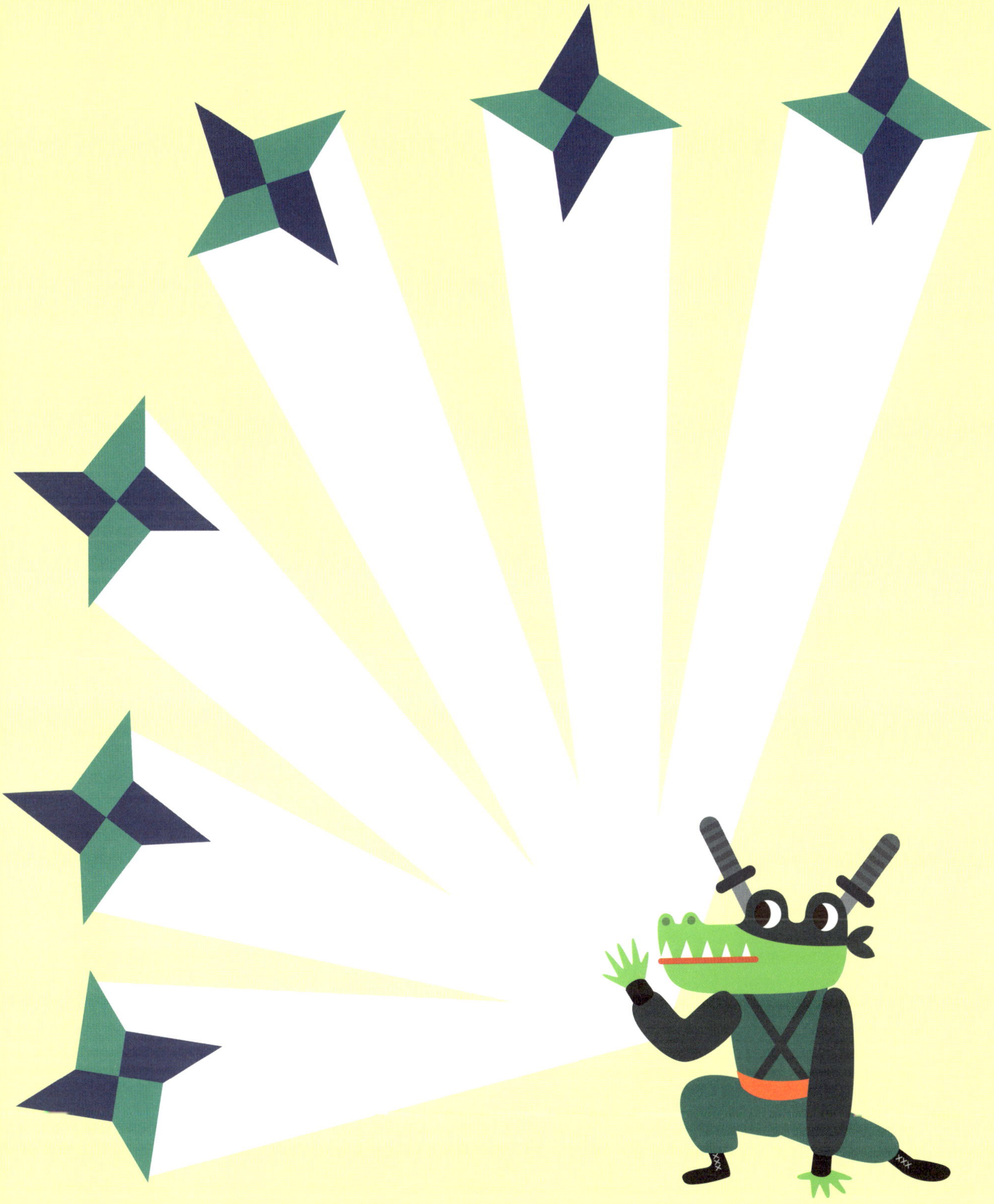

선분 그리기

닌자 악어가 그림을 완성할 수 있도록 도와주세요. 1부터 9까지 수를
차례대로 곧은 선으로 이어 보세요.

1

2

9

3

8

4

7

5

6

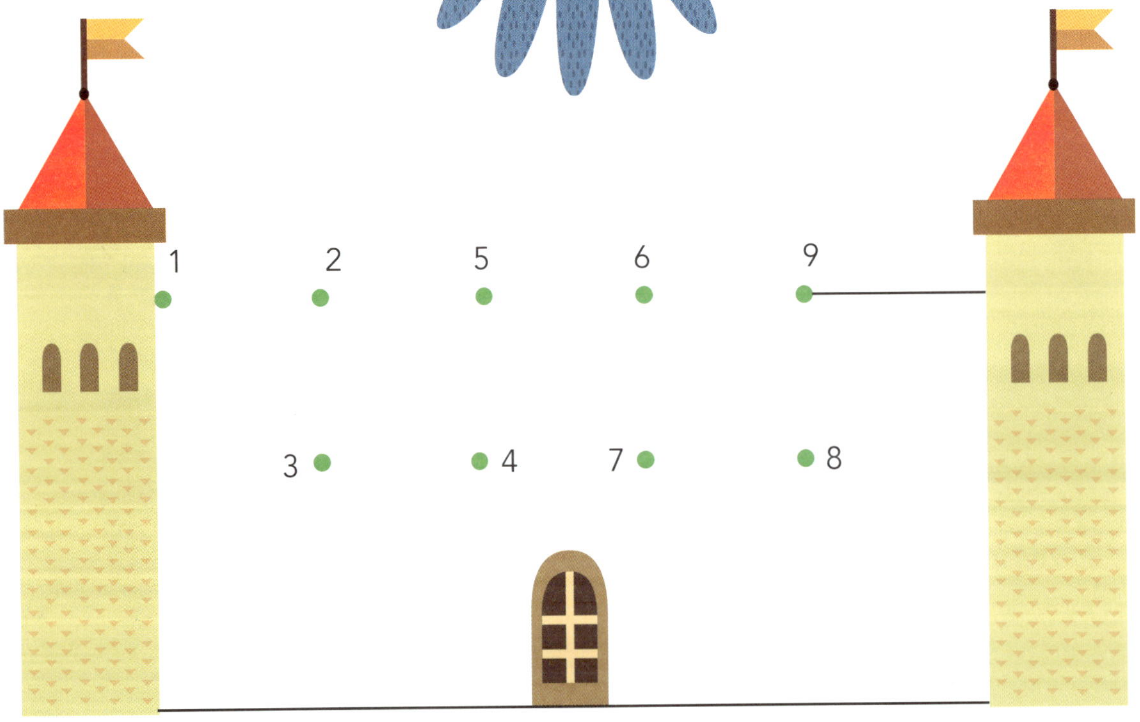

1   2   5   6   9

3   4   7   8

1 2 9

이렇게 점과 점을 잇는 곧은 선을 '선분'이라고 한답니다.

3 4 7 8

5 6

1

2 9

4 3

5 8

6 7

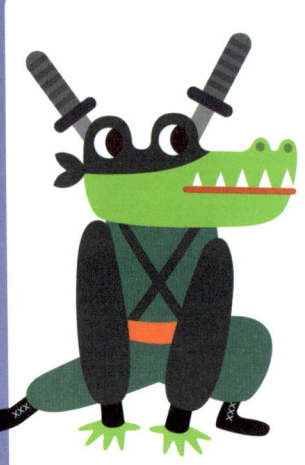

평면도형

"내 무기는 별표창만 있는 게 아니야! 이 마법 검으로 뭘 할 수 있는지 똑똑히 보라고."

닌자 악어는 마법 검으로 원하는 도형을 잘라 낼 수 있어요.

우리도 마술 연필로 도형을 만드는 연습을 해 봐요.

개념 확인

굽거나 꺾이지 않고 쭉 뻗은 선을 '곧은 선'이라 하고,
두 점을 이은 곧은 선을 '선분'이라고 해요.
도형은 선분과 곡선으로 이루어졌어요.

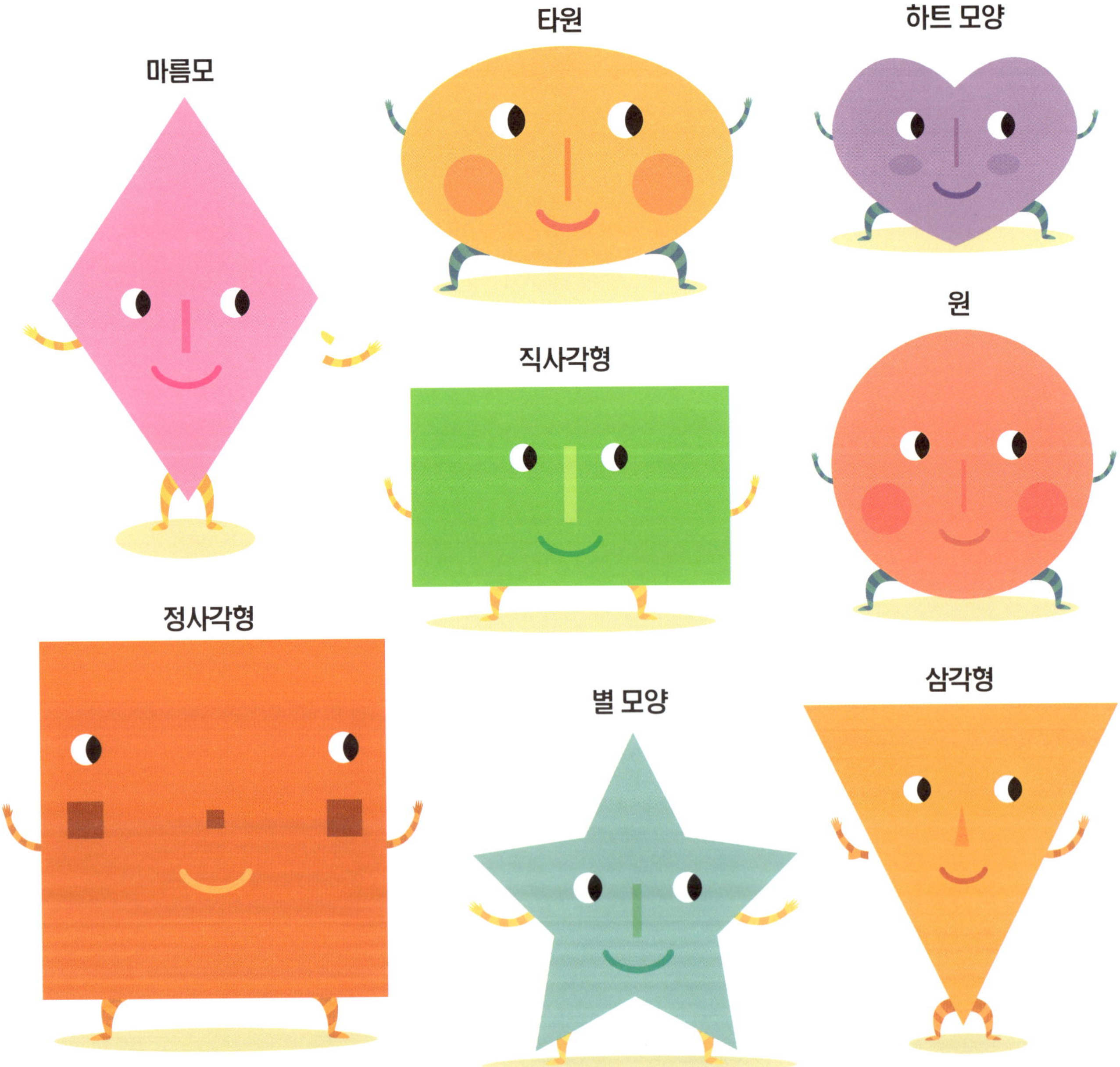

타원
하트 모양
마름모
직사각형
원
정사각형
별 모양
삼각형

점선을 따라 도형을 그려 보세요.

도형 알아보기

도형에는 몇 개의 곧은 선이 있는지 알아봐요.
빈칸에 알맞은 숫자 스티커를 붙여 주세요.

삼각형

삼각형은 세 개의 곧은 선으로 둘러싸여 있어요. 길을 가다 교통 표지판을 본 적이 있나요?
교통 표지판 중에는 삼각형이 많아요. 삼각형을 그리려면 곧은 선이 몇 개 필요할까요?

알맞은
숫자 스티커를
찾아 붙이세요.

정사각형

아주 멋진 도형이에요. 모든 곧은 선의 길이가 같고, 곧은 선이 ㄴ모양으로 만나는 도형을 정사각형이
라고 해요. 여러분이 먹는 과자 중에 정사각형 모양이 많아요. 정사각형을 그리기 위해서는 몇 개의
곧은 선이 필요할까요?

직사각형

정사각형과 달리, 마주 보는 두 곧은 선의 길이가 같은 도형을 직사각형이라고 해요.
문 모양을 생각하면 쉽답니다. 물론 뾰족한 꼭짓점도 필수죠!
직사각형은 몇 개의 곧은 선으로 둘러싸여 있을까요?

원

원에서는 곧은 선을 찾을 수 없어요. 왜냐고요? 원은 오로지 굽은 선으로만 이루어져 있으니까요!
닌자 악어가 좋아하는 피자를 생각하면 쉽답니다. 원은 몇 개의 곧은 선으로 둘러싸여 있나요?

그렇다면 다음 도형은 몇 개의 곧은 선으로 둘러싸여 있을까요?

오각형   **타원**   **마름모**

여러 가지 모양 만들기

그림에서 도형을 찾아보아요.

■ 모양, ▲ 모양, ● 모양 몇 개로 만들어졌는지 세어 보고
예쁘게 색칠도 해 보세요.

(■ 모양: 사각형, ▲ 모양: 삼각형, ● 모양: 원)

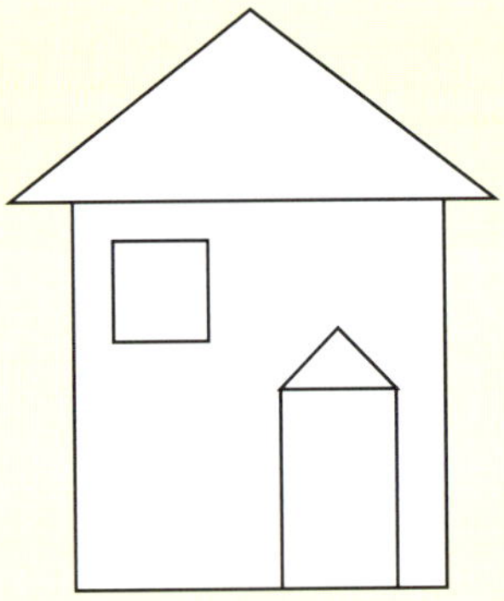

■ 모양 ...... 개
▲ 모양 ...... 개
● 모양 ...... 개

■ 모양 ...... 개
▲ 모양 ...... 개
● 모양 ...... 개

■ 모양 ...... 개
▲ 모양 ...... 개
● 모양 ...... 개

■ 모양 ...... 개
▲ 모양 ...... 개
● 모양 ...... 개

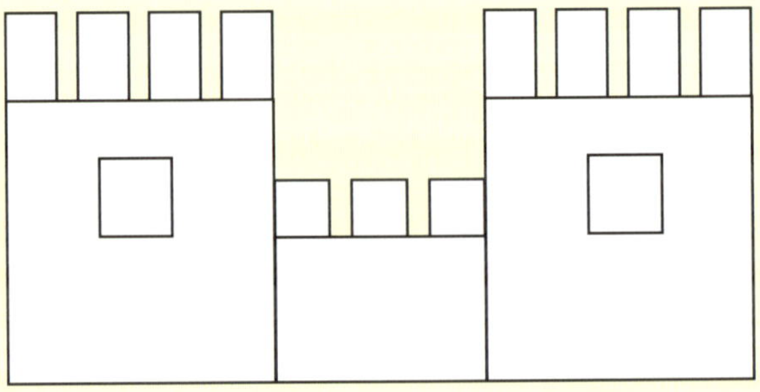

■ 모양 ...... 개   ▲ 모양 ...... 개   ● 모양 ...... 개

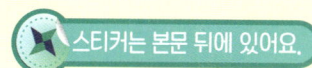

이 닌자 악어가 인정하지! 너는 이제부터 이 닌자 악어의
도형 마술을 쓸 수 있어. 하고 싶은 대로 놀아 봐.

책 뒤의 도형 스티커를 이용해서 여러 가지 모양을 만들어 보세요.

캡틴 야옹의 착륙을 도와라!

캡틴 야옹이 착륙을 해야 하는데, 안개 때문에 아무것도 보이지 않나 봐요.
캡틴 야옹이 안전하게 착륙할 수 있도록 도와주세요!
열린 창문을 찾아 색칠하면 돼요.

열렸어요

닫혔어요

도형의 습격

닌자 악어가 도움을 요청했어요. 안 보이는 유령 도형들이 나타났대요!
닌자 악어를 도와서 보이지 않는 도형들을 찾아보아요.
점선을 따라 변을 그린 다음, 꼭짓점을 색칠하고 그 개수도 세어 보세요.

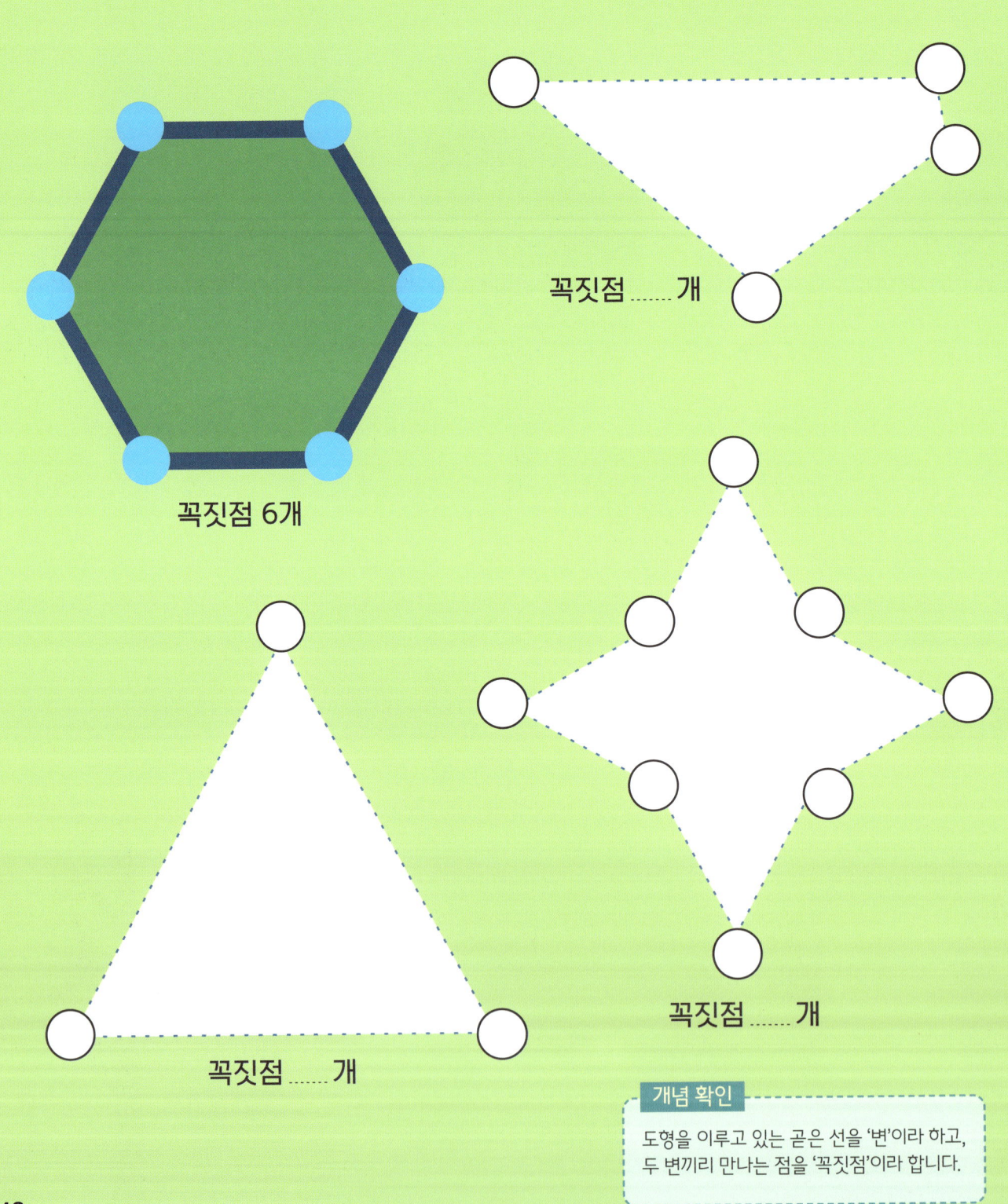

꼭짓점 6개

꼭짓점 ...... 개

꼭짓점 ...... 개

꼭짓점 ...... 개

꼭짓점 .... 개

꼭짓점 .... 개

꼭짓점 .... 개

꼭짓점 .... 개

43

내 맘대로 도형 만들기

여러분만의 도형을 만들어 보고 싶지 않나요?
이쑤시개 몇 개를 구해서 도형을 만들어 보세요.
아래 그림처럼 책 뒤의 스티커를 활용해서 이쑤시개를 고정하면 도형 완성!

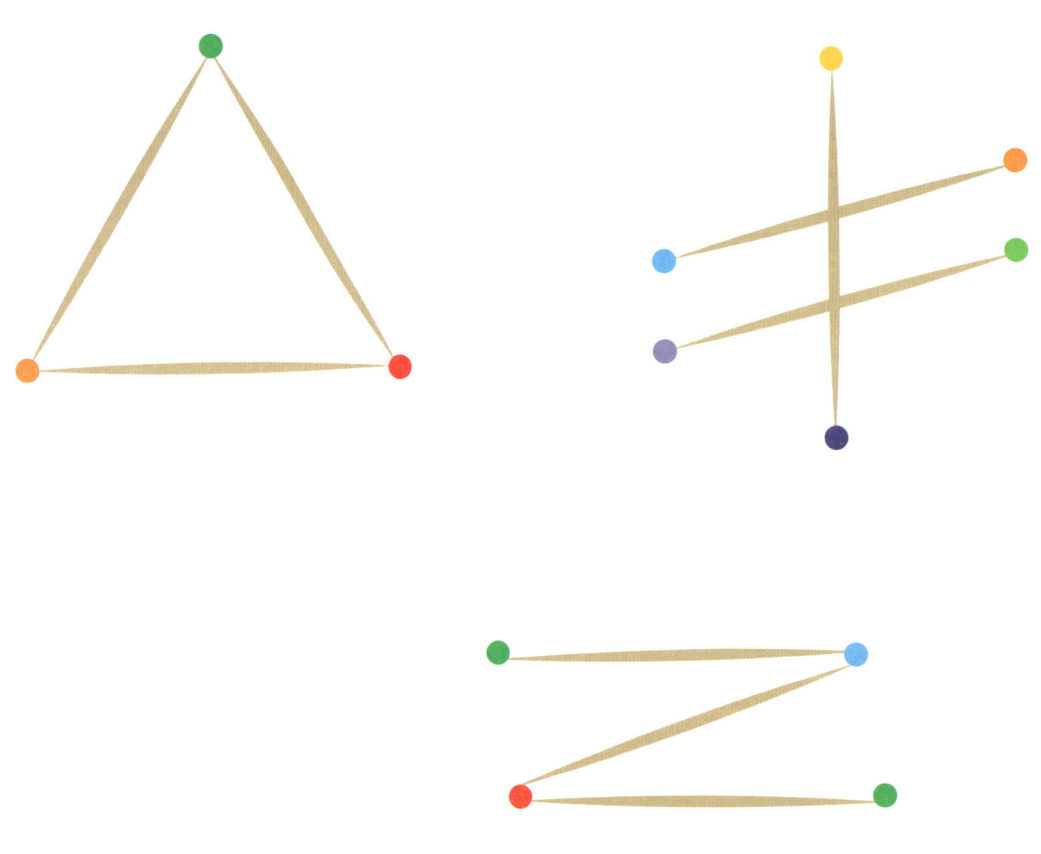

휴, 덕분에 유령 도형을 무찔렀어. 너도 그 마술 연필로 도형을
만들 수 있을 거야. 만든 도형은 변의 수, 꼭짓점의 수도 세어 봐.

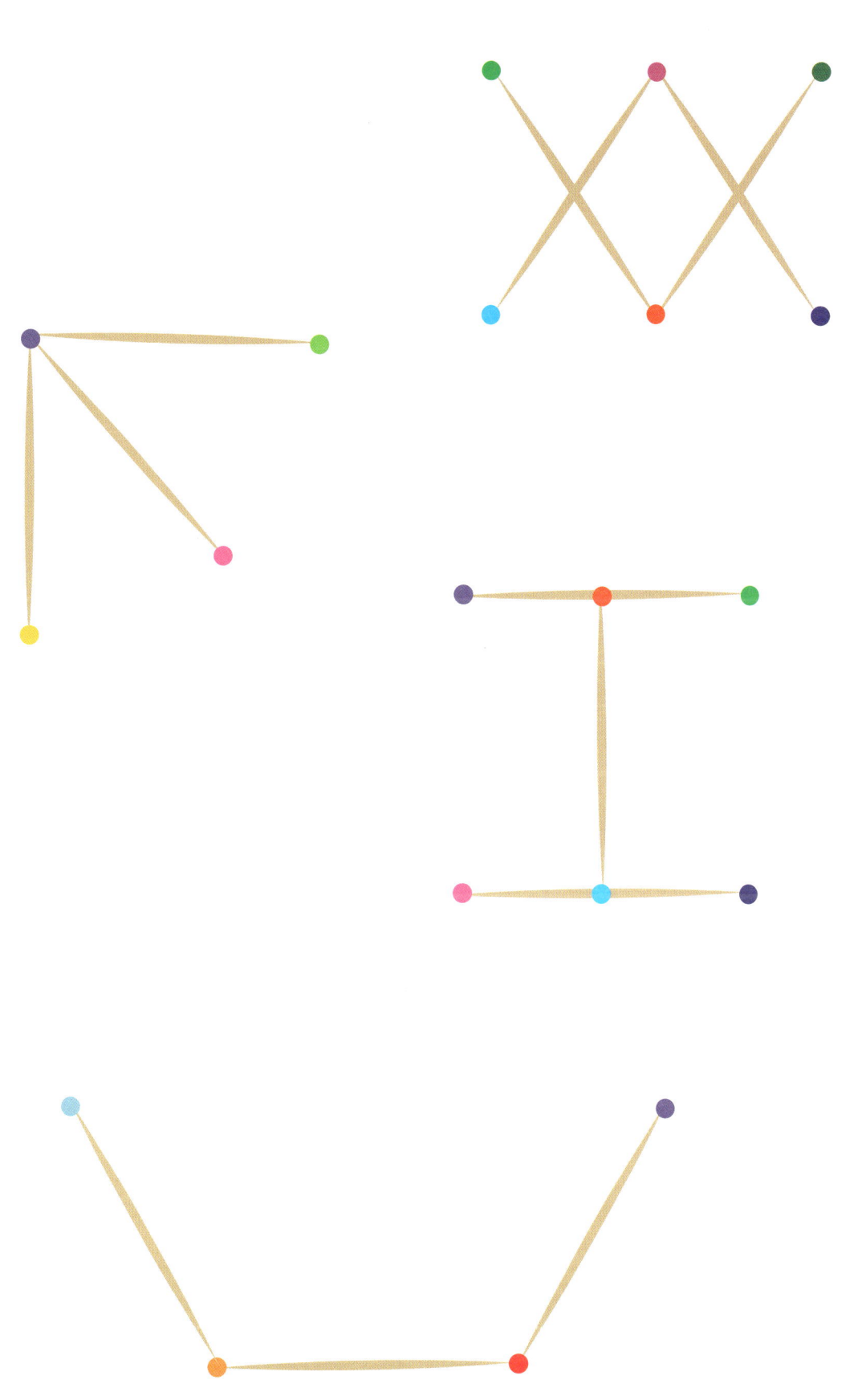

스티커는 본문 뒤에 있어요.

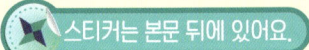

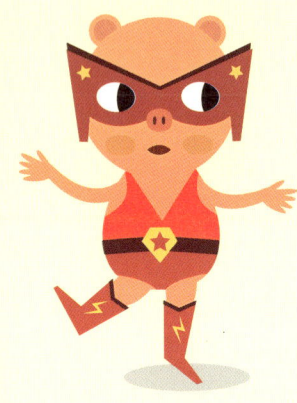

어떤 모양일까?

"난 숫자만 셀 줄 알지, 닌자 악어만큼 도형을 잘 알지 못해. 네 도움이 필요해!"
원더 피그가 도움을 요청했어요.
아래 그림을 잘 보고, 도형들이 모여 어떤 모양을 만들었는지 알아보세요.
책 뒤의 도형 스티커를 붙여 보면 훨씬 쉽게 답이 나올 거예요.

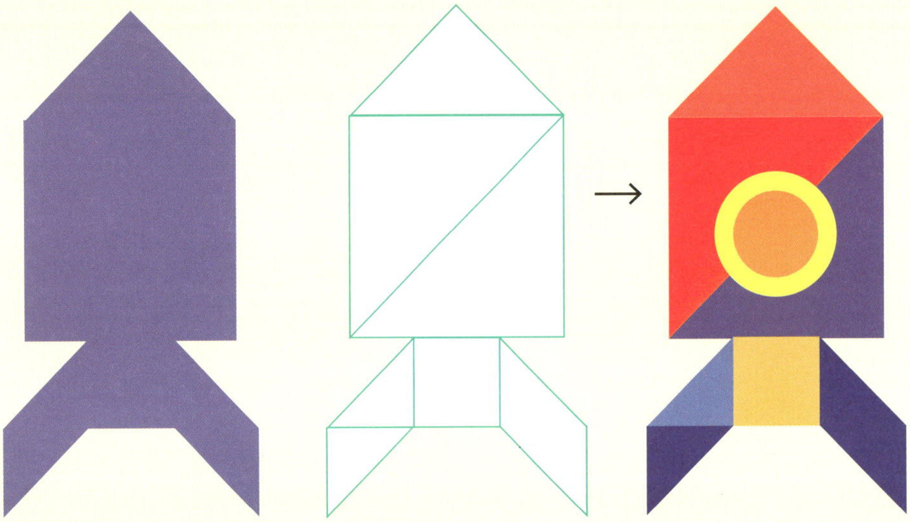

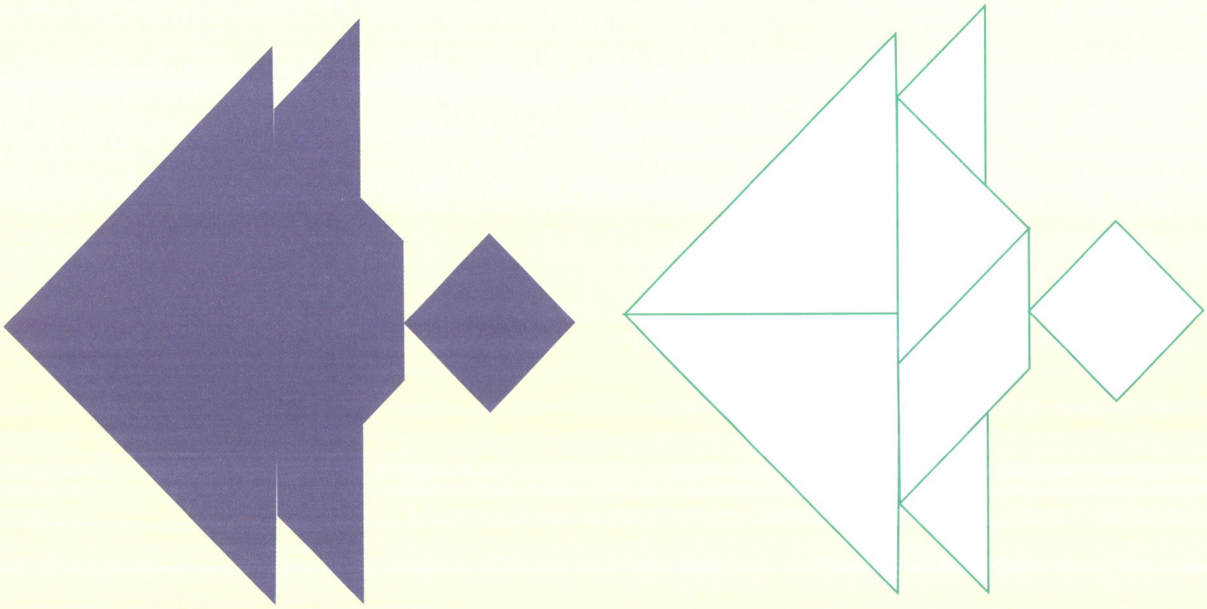

치즈 사냥!

닥터 찍찍이 치즈를 찾을 수 있도록 도와주세요.
닥터 찍찍과 치즈가 모두 도형의 안에 있으면 치즈를 찾을 수 있고,
닥터 찍찍이 도형의 밖에 있으면 치즈를 찾을 수 없어요.
그림을 보고 닥터 찍찍이 치즈를 찾으러 갈 수 있으면 길을 초록색으로,
치즈를 찾으러 갈 수 없으면 길을 빨간색으로 칠하세요.

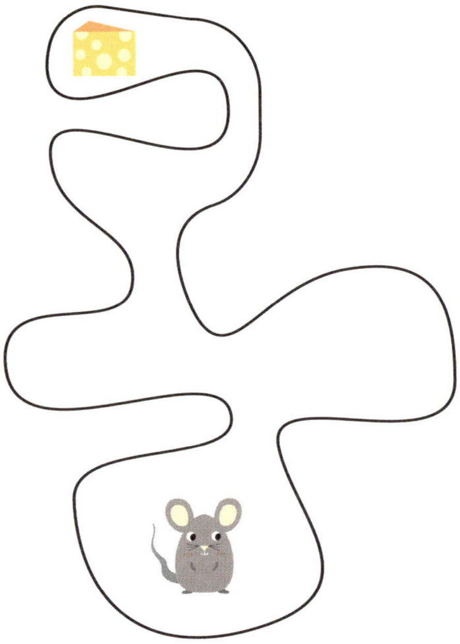

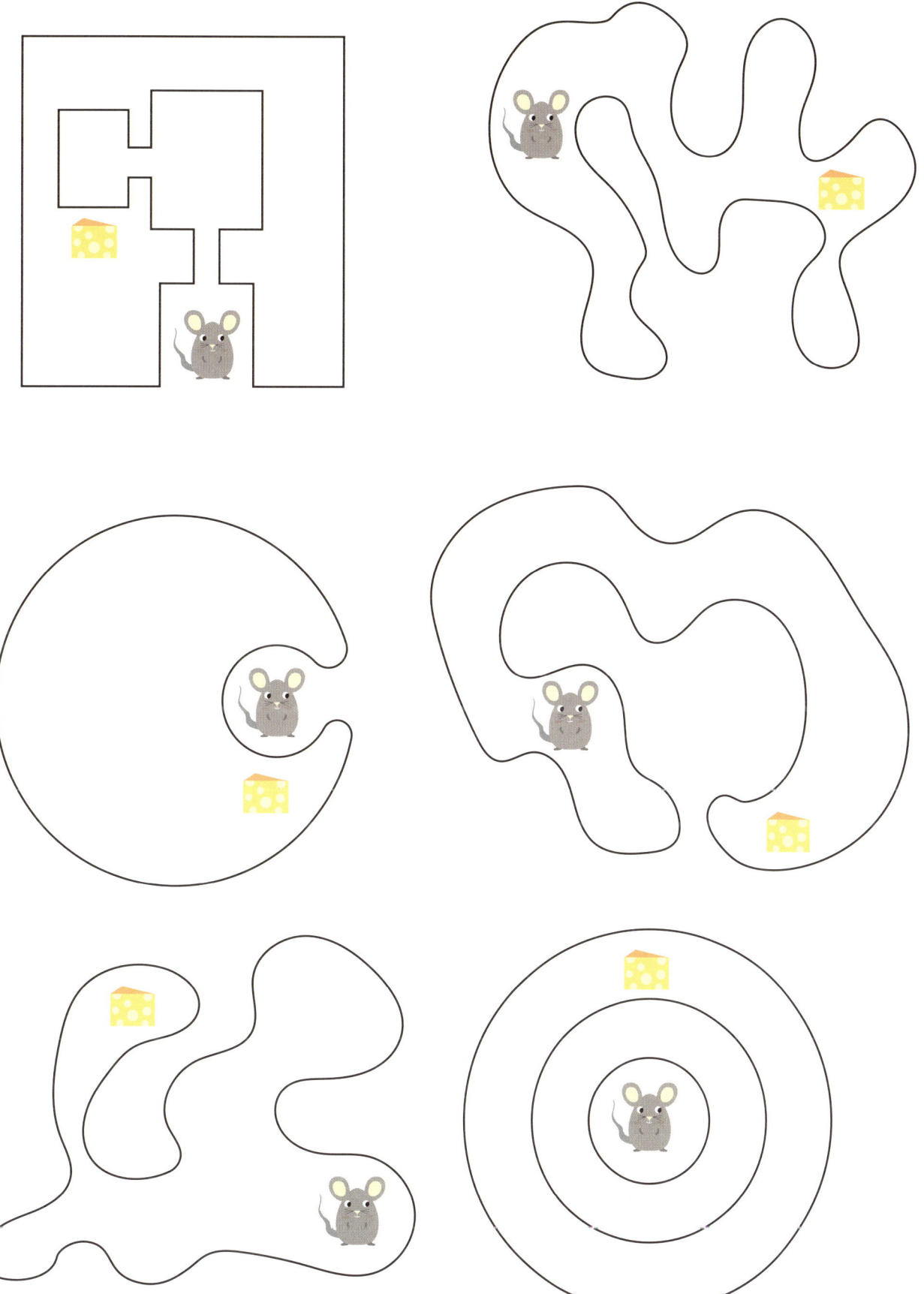

스티커는 본문 뒤에 있어요.

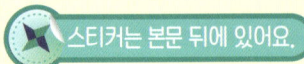

도형의 안과 밖

오늘은 꼬마 영웅들이 수영장에서 놀 거예요. 책 뒤의 스티커를 이용해서 저마다 원하는 위치에 꼬마 영웅들과 수영용품을 놓아 주세요.

캡틴 야옹은 수영장 밖에 있고 싶대요. 햇빛을 받으며 누워 있으려고요.
닌자 악어는 수영장 안에 들어가고 싶대요. 수영 천재거든요!
슈퍼 깡총도 수영장 안에 들어간대요. 최고의 다이빙을 볼 수 있겠네요.
원더 피그는 수영장 밖에 있고 싶대요. 시원한 레몬에이드는 필수입니다.

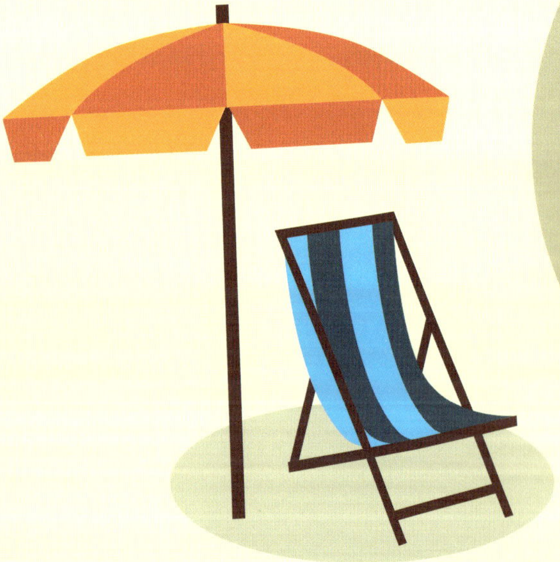

수영장

닌자 악어의 신발도 수영장 밖에 있어요.
이런, 수영 모자는 수영장 안에 빠져 버렸네요.
뗏목 튜브는 수영장 안에 있어요. 슈퍼 깡총이 수영장 안에서 일광욕할 수도 있겠는데요!
도넛 튜브는 수영장 밖에 있어요.
고무 오리는 수영장 안에 있어요.
팔에 끼는 튜브는 수영장 밖에 있어요.
양동이도 수영장 밖에 있어요.
장난감 배는 수영장 안에 있어요. 닌자 악어가 좋아하는 거예요.
샌드위치는 당연히 수영장 밖에 있어요.

어디로 갈까?

닥터 찍찍이 도시에서 탈출하도록 도와주세요.
아래 보기의 번호 순서에 따라 닥터 찍찍이 가야 할 길을 그려 주세요.
도시를 무사히 탈출하면 누구를 만나게 될까요?

보기
① 위로 2칸   ⑤ 위로 3칸
② 오른쪽으로 2칸   ⑥ 오른쪽으로 6칸
③ 위로 3칸   ⑦ 아래로 6칸
④ 왼쪽으로 2칸   ⑧ 오른쪽으로 2칸

닌자 악어

닥터 찍찍

슈퍼 깡총

숨겨진 그림 찾기

슈퍼 깡총이 그림 속에 숨겨진 것을 찾아낼 수 있도록
숫자와 같은 색을 그 칸에 칠해 보세요.
어떤 그림이 숨겨져 있나요?

새로운 영웅의 탄생

드디어 미션을 모두 해냈어요.
이제 여러분이 수학 나라의 수학 영웅입니다!

그림 속에는 우리가 배운 숫자 9개가 감춰져 있어요. 그 숫자들을 찾아서 ◯ 표시를 해 보세요!
여러분의 주변에도 숫자와 도형들이 가득 차 있어요. 언젠가 여러분이 숫자와 도형을
모두 찾는다면, 다시 수학 나라로 돌아와 멋진 모험을 할 수 있을 거예요!

더 풀어 보기

 세어 보고 알맞은 수에 ○표 하세요.

1.

| 1 | 2 | 3 | 4 | 5 |

2.

| 1 | 2 | 3 | 4 | 5 |

3.

| 1 | 2 | 3 | 4 | 5 |

4.

| 1 | 2 | 3 | 4 | 5 |

 왼쪽의 수만큼 색칠해 보세요.

5. ③

6. ⑥

7. ⑧

8. ⑨

 보기 와 같이 수를 세어 쓰고 읽어 보세요.

보기  5 읽기  다 섯 , 오

9.  □ 읽기

10.  □ 읽기

11.  □ 읽기

12.  □ 읽기

 순서에 알맞게 수를 써 보세요.

13.

14.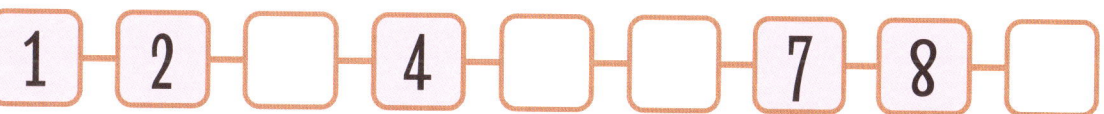

15.

16.

17. 순서에 알맞게 이어 보세요.

| 둘째 | 일곱째 | 넷째 | 아홉째 |

첫째

18. 닌자 악어가 기르는 화분은 왼쪽에서부터 넷째 화분입니다.
닌자 악어가 기르는 화분에 색칠해 보세요.

(왼쪽)　　　　　　　　　　　　　　　　　　　　　　　　　　(오른쪽)

 ◯ 안에 알맞은 수를 써넣으세요.

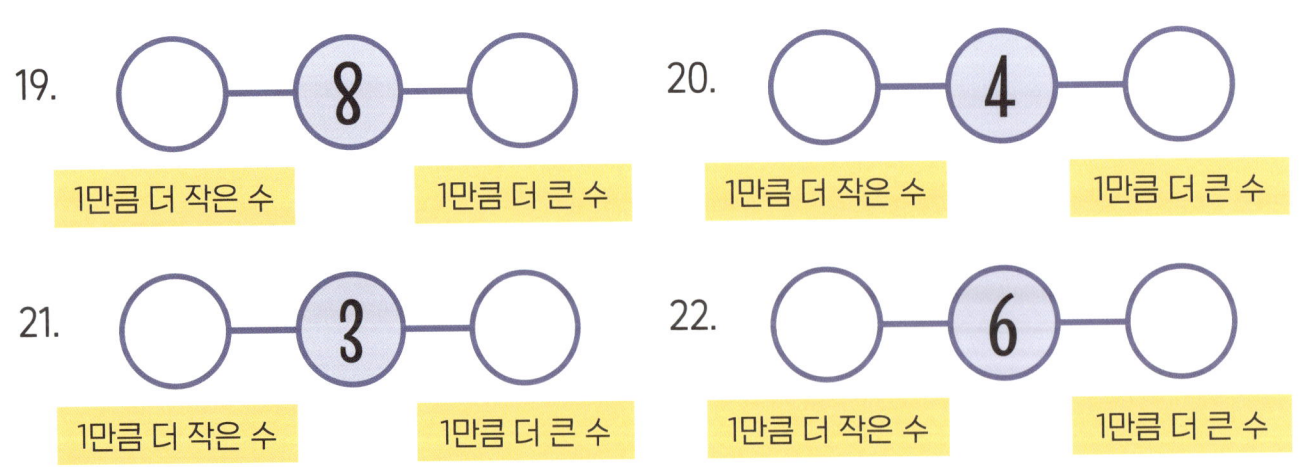

19. ◯ — 8 — ◯
　1만큼 더 작은 수　　　1만큼 더 큰 수

20. ◯ — 4 — ◯
　1만큼 더 작은 수　　　1만큼 더 큰 수

21. ◯ — 3 — ◯
　1만큼 더 작은 수　　　1만큼 더 큰 수

22. ◯ — 6 — ◯
　1만큼 더 작은 수　　　1만큼 더 큰 수

그림을 보고 ☐ 안에 알맞은 수를 써넣으세요.

23.

원더 피그는 화단에 튤립을
☐ 송이 키우고 있습니다.

24.

오늘은 캡틴 야옹의 생일입니다.
캡틴 야옹의 나이는 ☐ 살
입니다.

25.

숲 속에 어미 공룡 ☐ 마리와
새끼 공룡 ☐ 마리가
지나가고 있습니다.

26.

닌자 악어의 식품 보관함에는
꿀단지가 ☐ 병,
생선 통조림이 ☐ 통
들어 있습니다.

27. 같은 모양끼리 이어 보세요.

 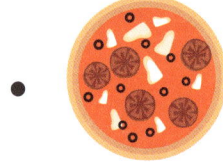  

 다음 물건 중에서 모양이 다른 하나를 찾아 〇표 하세요.

28.

29.

30.

■,△,◯ 모양을 몇 개 사용해서 만든 그림인지 ☐ 안에 알맞은 수를 써 보세요.

31.

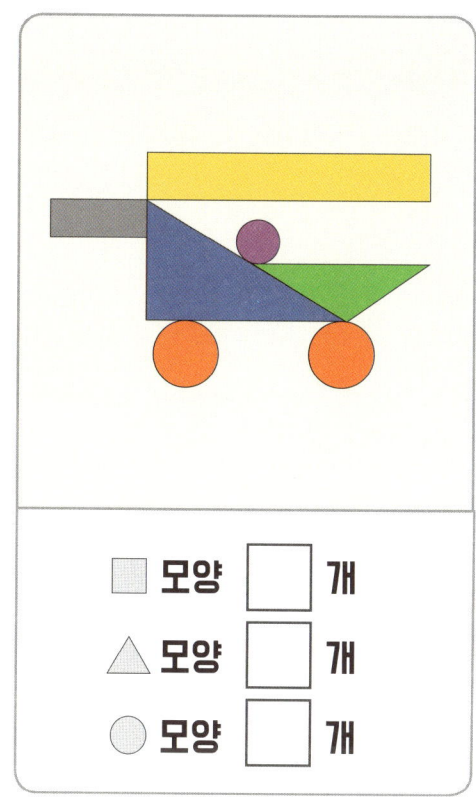

■ 모양 ☐ 개

△ 모양 ☐ 개

◯ 모양 ☐ 개

32.

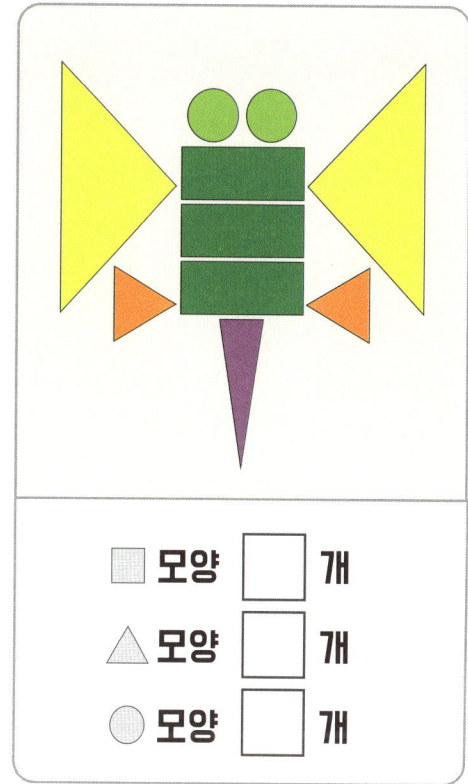

■ 모양 ☐ 개

△ 모양 ☐ 개

◯ 모양 ☐ 개

33.

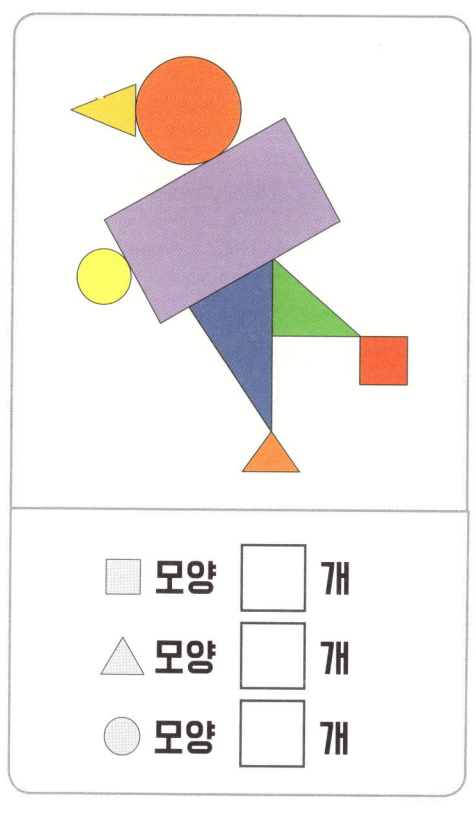

■ 모양 ☐ 개

△ 모양 ☐ 개

◯ 모양 ☐ 개

34.

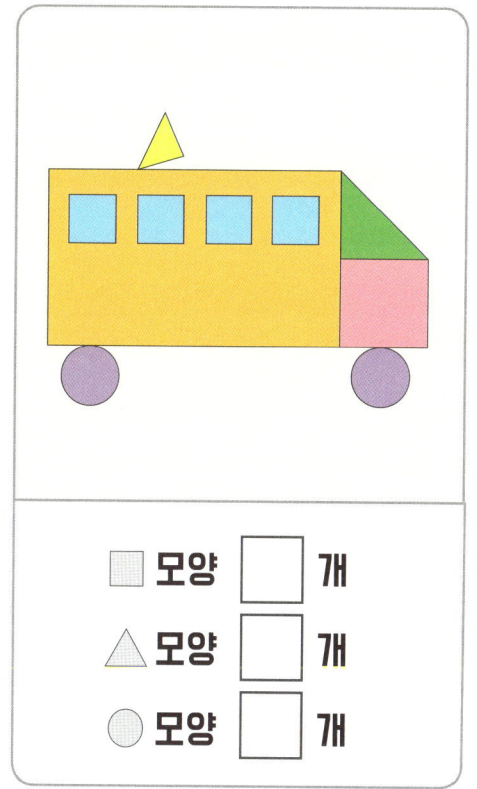

■ 모양 ☐ 개

△ 모양 ☐ 개

◯ 모양 ☐ 개

칠교판을 보고 물음에 답해 보세요.

35. 칠교판으로 만든 모양입니다. 숫자가 없는 조각에 알맞은 번호를 써넣으세요.

(1)　　　　　　　　　　　　　　(2)

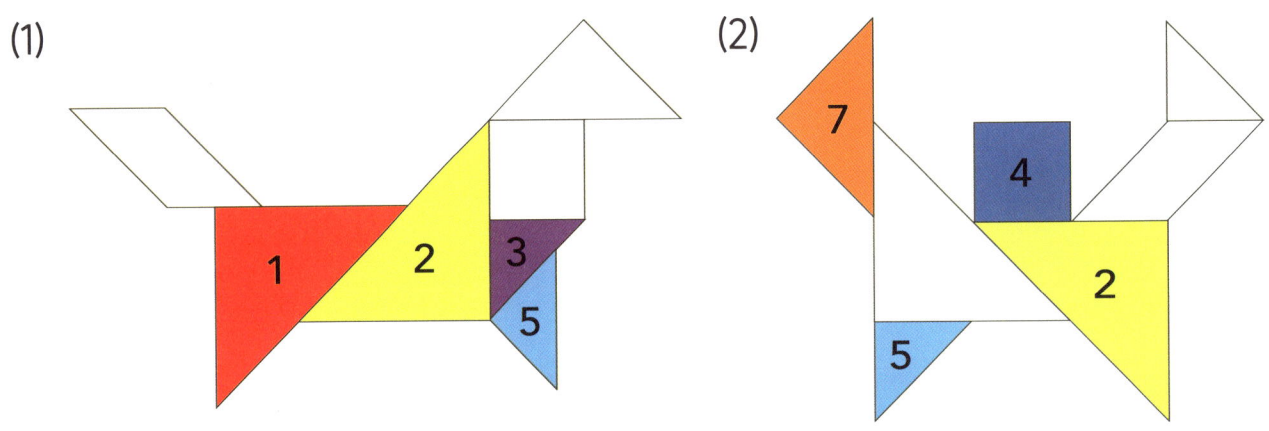

36. 칠교판으로 다음 도형을 만들어 보세요.

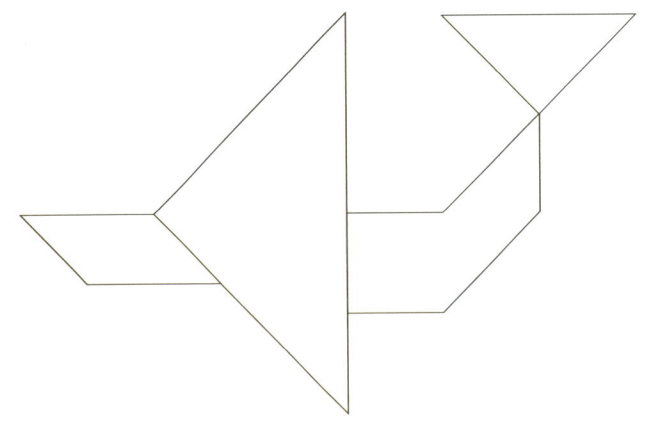

37. 삼각형을 모두 찾아 ○표 하세요.

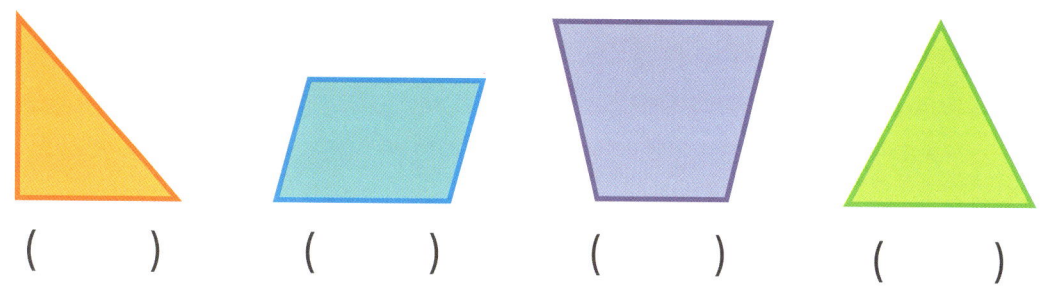

(   )   (   )   (   )   (   )

38. 직사각형을 모두 찾아 ○표 하세요.

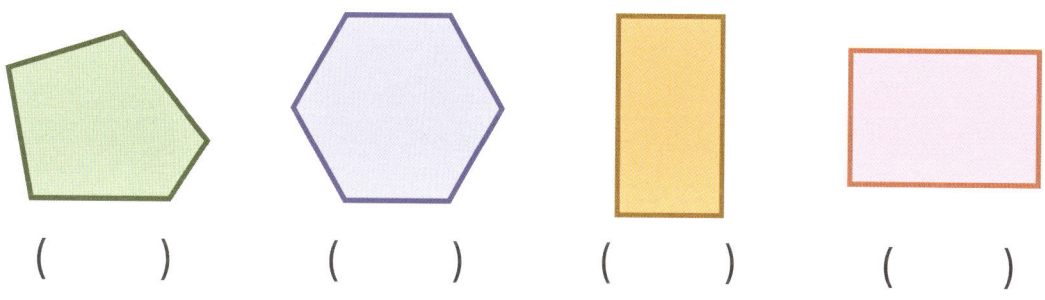

(   )   (   )   (   )   (   )

도형에서 꼭짓점을 찾아 ○표 하고 꼭짓점의 개수를 써 보세요.

39.
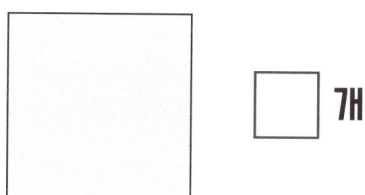 ☐ 개

40.
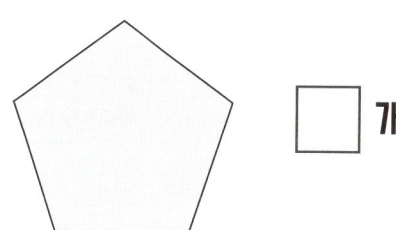 ☐ 개

41.
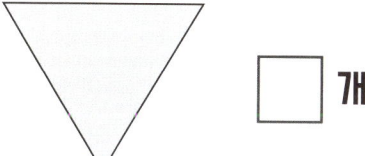 ☐ 개

42.
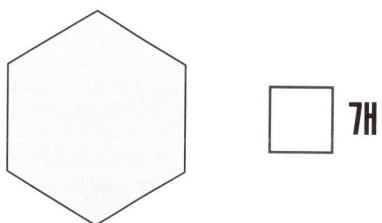 ☐ 개

정답

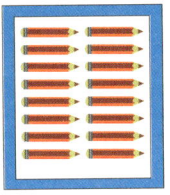

16~17쪽

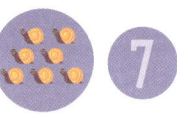 
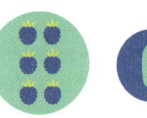

18~19쪽

20쪽

1 2 3 4 5 6 7 8 9

1 2 3 4 5 6 7 8 9

1 2 3 4 5 6 7 8 9

1 2 3 4 5 6 7 8 9

21쪽

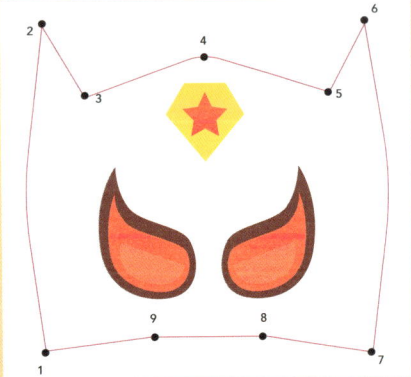

22~23쪽

(1) 3칸 (2) 5칸 (3) 5칸 (4) 1칸
(5) 3칸 (6) 6칸

24쪽

(1) 3개 (2) 5개 (3) 5개 (4) 2개 (5) 7개

26~27쪽

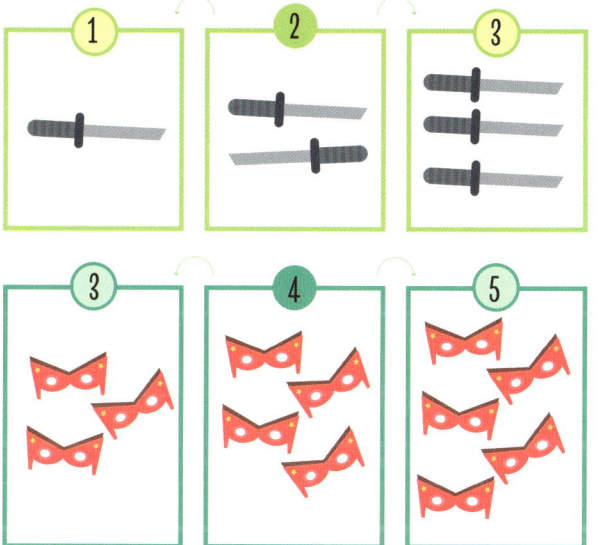

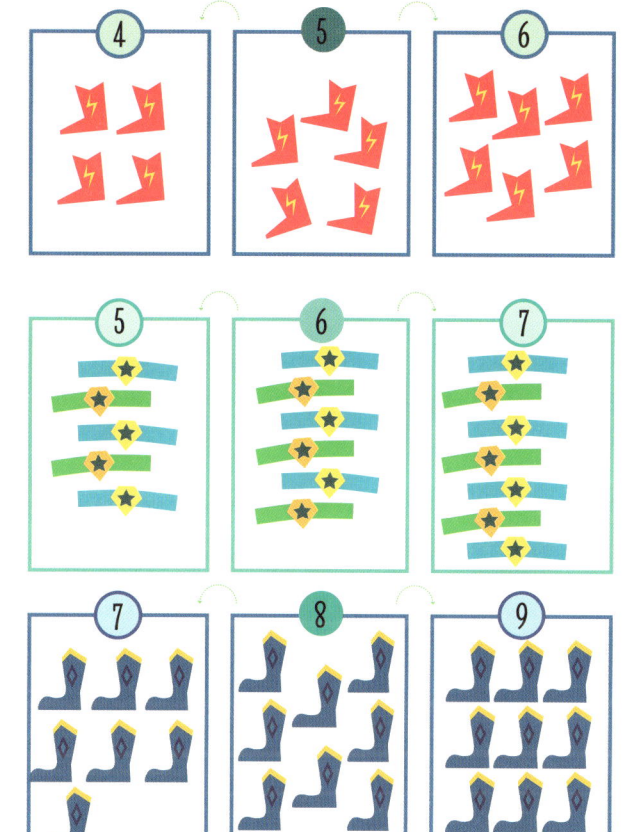

28쪽

29쪽

32~33쪽

38쪽

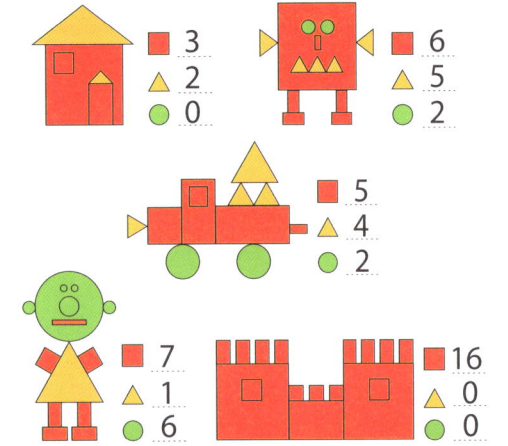

36~37쪽

40~41쪽

42~43쪽

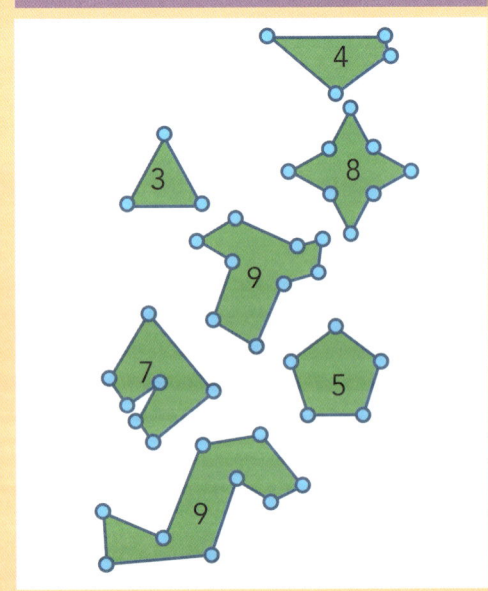

66

46~47쪽

48~49쪽

50~51쪽

52쪽

53쪽

54~55쪽

더 풀어 보기 정답

56쪽

1. 4　2. 3　3. 2　4. 5

5. 　6.

7. 　8.

57쪽

9. 8, 여덟, 팔　10. 6, 여섯, 육　11. 9, 아홉, 구　12. 7, 일곱, 칠

13. 2, 4, 5, 7, 8　14. 3, 5, 6, 9　15. 7, 5, 2　16. 8, 6, 3, 2

58쪽

17.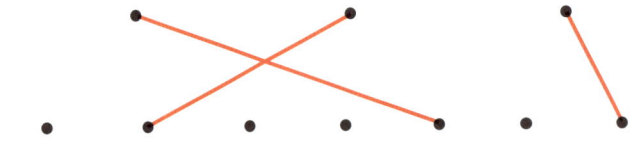

18.

19. 7, 9　20. 3, 5　21. 2, 4　22. 5, 7

59쪽

23. 5　24. 8　25. 1, 6　26. 5, 2

60쪽

27. 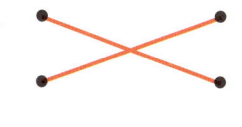　　28. 　　29. 　　30.

61쪽

31. 2, 2, 3　　32. 3, 5, 2　　33. 2, 4, 2　　34. 6, 2, 2

62쪽

35. (1) 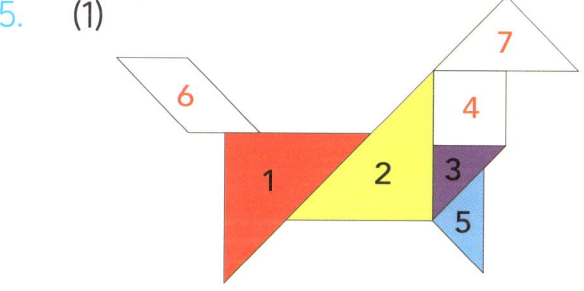　　(2)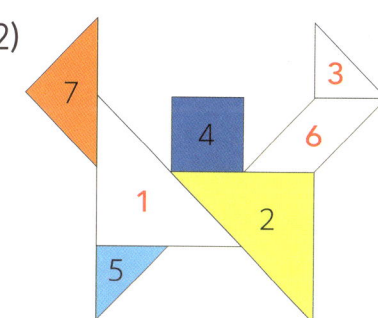

36.

63쪽

37. (○) (　) (　) (○)　　38. (　) (　) (○) (○)

39. 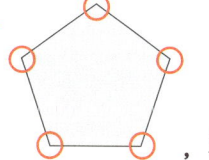, 4　　40. 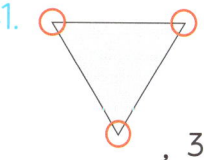, 5　　41. 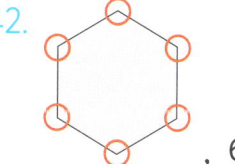, 3　　42. , 6

미치도록 재미있는 수학 교재

수빠맨 과 함께하는 초등 수학 학습 로드맵

쉽고 재미있게 초등 수학 전 과정을 배워 보세요.

초등 수학 교육 과정

수와 연산	도형과 측정
변화와 관계	자료와 가능성

영역	권	권 제목	세부 영역	학습 주제	권장 학년	학습 내용
수와 연산 기본	1	숫자 영웅들의 수학 모험	수와 연산	·수 ·도형 기초	1학년	• 0에서 9까지 수 익히기 • 여러 가지 선 알기 • 평면도형 개념 알기 • 도형의 안과 밖 깨치기
	2	덧셈 뺄셈 몬스터 왕국	수와 연산	·덧셈과 뺄셈 기초	1학년	• 두 자리 수 익히기 • 모양과 크기가 같은 도형 찾기 • 덧셈식과 뺄셈식의 기초
	3	나무마니 마을의 더하기 빼기	수와 연산	·덧셈과 뺄셈 심화	1학년	• 세 수의 덧셈식과 뺄셈식 • 100까지 수 익히기 • 좌표 읽기 기초 • 묶어 세기
	4	곱셈구구 나라의 비밀	수와 연산	·곱셈과 나눗셈 기초	2학년	• 곱셈구구 • 곱셈식과 나눗셈식 • 복잡한 계산식 쉽게 풀기
	5	사칙연산 바다를 지켜라	수와 연산	·사칙연산 기초	2학년	• 연산 규칙 찾기 • 여러 가지 방법으로 복합 사칙연산 하기 • 덧셈과 뺄셈의 관계를 식으로 나타내기
	6	곱셈 공장 수리 작전	수와 연산	·사칙연산 심화	2학년 ~ 4학년	• 곱셈·나눗셈 세로식 풀이 • 곱셈의 교환법칙과 결합법칙 • 약수와 배수 • 나눗셈의 몫을 곱셈식으로 구하기

영역	권	권 제목	세부 영역	학습 주제	권장 학년	학습 내용
수와 연산 심화	7	곱셈 나눗셈으로 요리를 뚝딱	수와 연산	· 곱셈과 나눗셈 심화 · 분수 기초	3학년 ~ 5학년	· (몇십)×(몇)을 구하기 · (몇십)÷(몇)을 구하기 · 똑같이 나누기 · 분수로 나타내기 · 단위분수 개념
	8	분수 도둑을 잡아라	수와 연산	· 분수	3학년 ~ 5학년	· 분자와 분모 · 크기가 같은 분수 만들기 · 분수 크기 비교 · 분수 계산
	9	소수 해적단의 바다 탐험	수와 연산	· 소수 · 백분율	3학년 ~ 6학년	· 소수 개념 · 소수 크기 비교 · 소수 계산 · 백분율 개념과 분수를 백분율로 치환하기
	10	수학 마법의 성에서 규칙 찾기	수와 연산	· 사고력 연산	2학년 ~ 5학년	· 수 배열 규칙 찾기 · 읽고 이해해서 푸는 문해력 연산 · 연산식으로 암호 풀기 · 연산 미로

영역	권	권 제목	세부 영역	학습 주제	권장 학년	학습 내용
도형과 측정, 변화와 관계, 자료와 가능성	11	공룡을 재는 여러 단위	측정	· 길이 · 들이 · 무게 · 시간	2학년 ~ 3학년	· 길이, 넓이, 무게, 들이의 단위 · 기호를 숫자로 나타내기 · 시간과 시계 읽는 법 · 섭씨 온도와 화씨 온도
	12	규칙 유령이 사는 집	변화와 관계	· 규칙과 추론	2학년 ~ 4학년	· 수 배열 규칙 추론 · 계산식에서 규칙 추론 · 무늬에서 규칙 추론 · 도형의 배열에서 규칙 추론
	13	도형과 함께 우주 탐험	도형	· 도형 · 공간	3학년 ~ 6학년	· 선의 종류(선분과 직선) · 각과 직각 · 평면도형 · 정다면체 · 대칭이동과 회전이동, 평행이동
	14	숫자와 그래프로 마을을 구하라	자료와 가능성	· 그래프 · 집합	3학년 ~ 6학년	· 표와 그래프 읽기 · 자료 조사와 표, 그래프로 나타내기 · 벤 다이어그램과 집합 · 비례식

기획 | 발레리아 바라티니

베니스의 카 포스카리 대학에서 예술 및 문화 활동의 경제학 및 관리 석사 학위를 취득했으며 로마 트레 대학에서 박물관 교육 표준 석사 학위를 취득했습니다. 교육 및 문화 기획 분야에서 일하고 있으며, 2015년부터 포스포로와 협력하여 과학 보급 및 비공식 교육과 관련된 이벤트 및 활동을 조직해 왔습니다.

글 | 마티아 크리벨리니

볼로냐 대학교에서 컴퓨터 과학 학위를 취득했으며 미국 인디애나 대학교에서 인지 과학을 전공했습니다. 2011년부터 이탈리아 세니갈리아에서 열리는 과학 축제 포스포로의 디렉터를 맡고 있습니다. 또한 NEXT 문화 협회를 통해 이탈리아와 해외에서 과학의 소통과 보급을 위한 활동을 조직하고 계획하는 데 큰 역할을 하고 있습니다.

그림 | 아그네세 바루치

ISIA(최고예술산업연구소)에서 그래픽을 공부했습니다. 2001년부터 일러스트레이터이자 작가로 활동하고 있으며 청소년을 위한 책들을 출판했습니다.

감수 | 송용진

한국을 대표하는 위상수학자입니다. 서울대학교 수학과를 졸업하고 미국 오하이오주립대에서 박사학위를 받았습니다. 오랫동안 영재교육과 수학올림피아드에 대한 일을 해 왔으며 지금은 국제 수학올림피아드 선출직 위원(IMO Board Member)으로 활동하고 있습니다. 쓴 책으로 《수학은 우주로 흐른다》, 《영재의 법칙》, 《수학자가 들려주는 진짜 논리 이야기》 등이 있습니다.

WS White Star Kids® is a registered trademark property of White Star s.r.l.
© 2021 White Star s.r.l.
Piazzale Luigi Cadorna, 6
20123 Milan, Italy
www.whitestar.it

Korean translation copyright © 2025 Dasan Books
This Korean translation edition published by arrangement with White Star s.r.l. through LENA Agency, Seoul.
All rights reserved.

14~15쪽: 캡틴 야옹을 이겨라! 빙고 게임

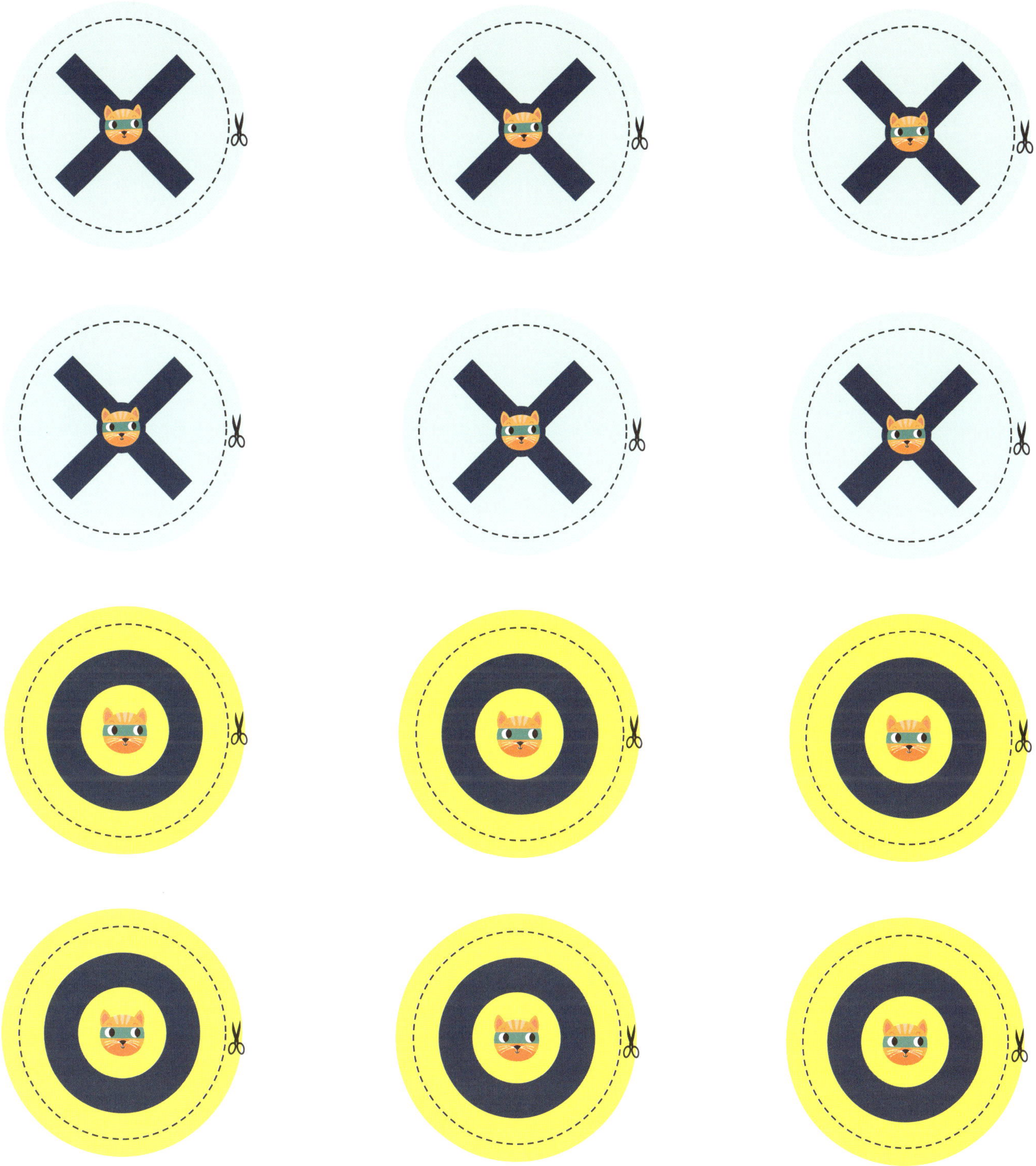

22~23쪽: 몇 칸을 뛰어야 할까?

슈퍼 깡총

9쪽: 수학 나라로의 탐험

16~17쪽: 수 세기

18~19쪽: 바로 앞의 수, 바로 뒤의 수

26~27쪽: 1 작은 수, 1 큰 수

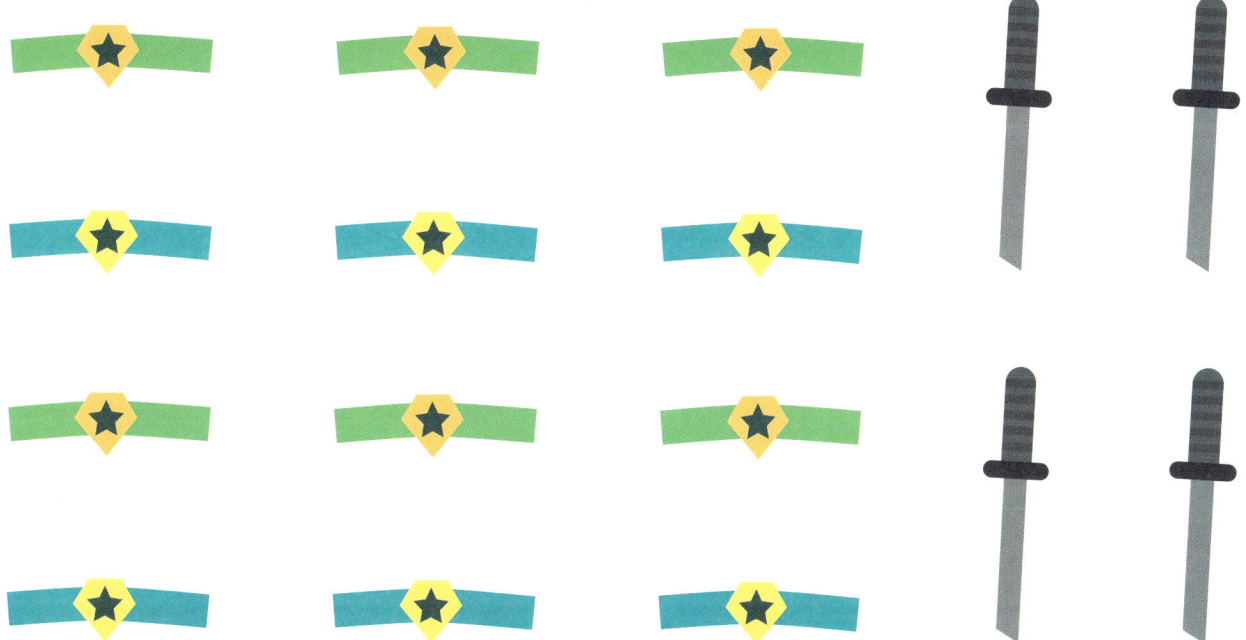

26~27쪽: 1 작은 수, 1 큰 수

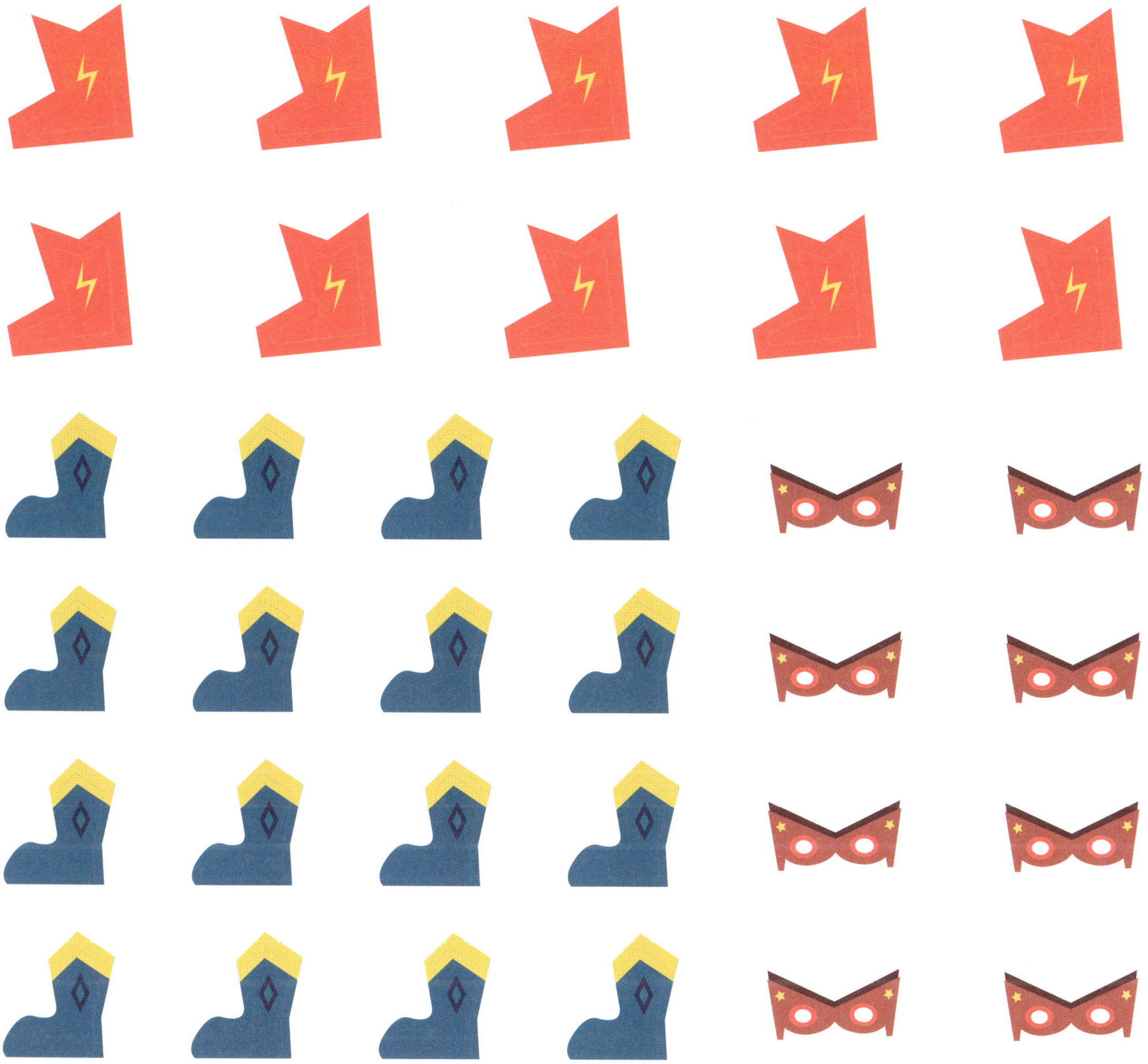

28쪽: 누가 1등을 했을까?

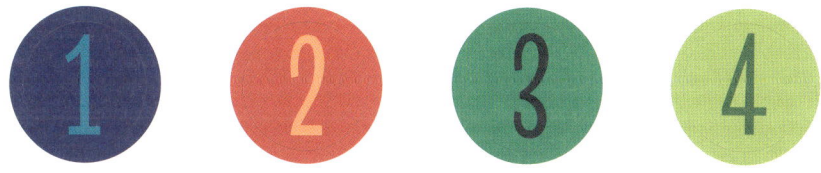

36~37쪽: 도형 알아보기

39쪽: 여러 가지 모양 만들기

46~47쪽: 어떤 모양일까?

50~51쪽: 도형의 안과 밖

샌드위치

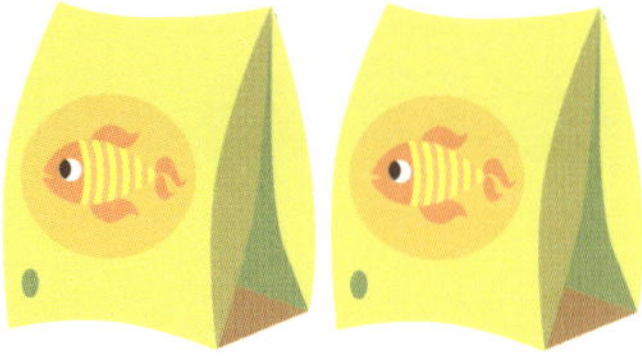

팔 튜브

장난감 배

신발

슈퍼 깡총

닌자 악어

수영 모자

원더 피그

캡틴 야옹

고무 오리

도넛 튜브

뗏목 튜브

양동이